U0181616

北京自然观察手册

矿物和岩石

曹醒春 著

北京出版集团
北 京 出 版 社

图书在版编目（CIP）数据

矿物和岩石 / 曹醒春著．— 北京：北京出版社，2021.10

（北京自然观察手册）

ISBN 978-7-200-16515-9

I. ①矿… II. ①曹… III. ①矿物 — 普及读物②岩石 — 普及读物 IV. ①P57-49②P583-49

中国版本图书馆 CIP 数据核字（2021）第 133256 号

北京自然观察手册

矿物和岩石

曹醒春 著

*

北京出版集团
北京出版社 出版

（北京北三环中路 6 号）

邮政编码：100120

网址：www.bph.com.cn

北京出版集团总发行

新华书店经销

北京瑞禾彩色印刷有限公司印刷

*

145 毫米 ×210 毫米 8.25 印张 222 千字

2021 年 10 月第 1 版 2022 年 9 月第 2 次印刷

ISBN 978-7-200-16515-9

定价：68.00 元

如有印装质量问题，由本社负责调换

质量监督电话：010-58572393

序

北京的大都市风貌固然令人流连忘返，然而北京地区的大自然也一样充满魅力，非常值得我们怀着好奇心去探索和发现。应邀为“北京自然观察手册”丛书作序，我感到非常欣慰和义不容辞。

这套丛书涵盖内容广泛，包括花鸟虫鱼、云和天气、矿物和岩石等诸多分册，集中展示了北京地区常见的自然物种和自然现象。可以说，这套丛书不仅非常适合指导各地青少年及入门级科普爱好者进行自然观察和实践，而且也是北京市民真正了解北京、热爱家乡的必读手册。

作为一名古鸟类研究者，我想以丛书中的《鸟类》分册为切入点，和广大读者朋友们分享我的感受。

查看一下我书架上有关中国野外观察类的工具书，鸟类方面比较多，最早的一本是出版于 2000 年的《中国鸟类野外手册》，还是外国人编写的，共描绘了 1329 种鸟类；2018 年赵欣如先生主编的《中国鸟类图鉴》，收录 1384 种鸟类；2020 年刘阳、陈水华两位学者主编的《中国鸟类观察手册》，收录鸟类增加到 1489 种。仅从数字上，我们就能看出中国鸟类研究与观察水平的进步。

近年来，全国各地涌现了越来越多的野外观察者与爱好者。他们走进自然，记录一草一木、一花一石，微信朋友圈里也经常能够欣赏到一些精美的照片，实在令人羡慕。特别是某些城市，甚至校园竟然拥有他们自己独特的自然观察手册。以鸟类观察为例，2018年出版的《成都市常见150种鸟类手册》受到当地自然观察者的喜爱。今年4月，我参加了苏州同里湿地的一次直播活动，欣喜地看到了苏州市湿地保护管理站依据10年观测记录，他们刚刚出版了《苏州野外观鸟手册》，记录了全市374种鸟类。我还听说，多个湿地的观鸟者们还主动帮助政府部门，为鸟类的保护做了不少实实在在的工作。去年我在参加北京翠湖湿地的活动时，看到许多观鸟者一起观察和讨论，大家一起构建的鸟类家园真让人流连忘返。

北京作为全国政治、文化和对外交流的中心，近年来在城市绿化和生态建设等方面取得长足进展，城市的宜居性不断改善，绿色北京、人文北京的理念也越来越深入人心。我身边涌现了很多观鸟爱好者。在我们每天生活的城市中观察鸟类，享受大自然带给我们的乐趣，在我看来，某种意义上这代表了一个城市，乃至一个国家文明的进步。我更认识到，在北京的大自然探索观赏中，除了观鸟，还有许多自然物种和自然现象值得我们去探究及享受观察的乐趣。

“北京自然观察手册”丛书正是一套致力于向读者多方面展现北京大自然奥秘的科普丛书，涵盖动物植物、矿物和岩石以及云和天气等方方面面，可以说是北京大自然的“小百科”。

丛书作者多才多艺、能写能画，是热心科普与自然教育的多面手。这套书源自不同领域的10多位作者对北京大自然的常年观察与深入了解。他们是自然观察者，也是大自然的守护者。我衷心希望，丛书的出版能够吸引更多的参与者，无论是青少年，还是中老年朋友们，都能加入到自然观察者、自然守护者的行列，从中享受生活中的另外一番乐趣。

人类及其他生命均来自自然，生命与自然环境的协同发展是生命演化的本质。伴随人类文明的进步，我们从探索、发现、利用（包括破坏）自然，到如今仍在学习要与自然和谐共处，共建地球生命共同体，呵护人类共有的地球家园。万物有灵，不论是尽显生命绚丽的动物植物，还是坐看沧海桑田的岩石矿物、转瞬风起云涌的云天现象，完整而真实的大自然在身边向我们诉说着一个个美丽动人的故事，也向我们展示着一个个难以想象的智慧，我们没有理由不和它们成为更好的朋友。当今科技迅猛发展，科学与人文的交融也应受到更多关注，对自然的尊重和保护无疑是人类文明进步的重要标志。

最后，我希望本套丛书能够受到广大读者们的喜爱，也衷心希望在不远的将来，能够看到每个城市、每座校园都拥有自己的自然观察手册。

演化生物学及古鸟类学家

中国科学院院士

目 录

矿物和岩石观察指导

引言

也许大家很少注意到这样一个事实——我们生活在一颗主要由岩石构成的行星上。说起大自然，我们总是想起各种飞禽走兽、花草树木，而我们脚下的矿物、岩石以及各种地质现象则常常被忽略。其实，矿物与岩石几乎无处不在，无论是去登山还是逛公园，我们都有可能遇到各种各样的岩石，其中又包含了多种不同的矿物。许多拥有奇特外形的岩石还经常被当作观赏石，其中必然有一些特别的地质现象。可以说，地质学不仅在远方的群山中，也在我们生活的城市里。

在此，我们先对矿物、岩石、石头和矿石这几个名词以及它们之间的关系进行简要说明，以免大家混淆。**矿物**是自然形成的固态物质，它们的化学成分基本固定。**岩石**也是自然形成的固态物质，不过它们往往是由一种或多种矿物组成的。**石头**则是人们对岩石或类似岩石的固体物质的俗称，很多时候一些不太好看的矿物以及一些人造岩石（比如混凝土块）也被称为“石头”。**矿石**虽然带着“矿”字，但它们并不是矿物，而是指这样一类岩石，它们含有对人类有用、有经济价值的矿物，它们往往也是由多种矿物组成的。

在正式介绍北京地区常见的矿物与岩石之前，我们先来详细了解一下它们是什么，有哪些种类，可能出现在哪里，又该如何科学地找到并观察它们。

公园中的一块巨石，它来自哪里？是哪种岩石？

矿物与岩石分别是什么

1 矿物

说起矿物，你会想到什么？是不是会想到许多游戏或影视作品中出现的那些有着规则外形、特殊颜色，甚至会发光的矿石？实际上，真正的矿物不一定具有这些特征。作为一个地质学术语，矿物的含义是：自然作用中形成的天然固态单质或化合物。它具有一定的化学成分和内部结构，因而具有一定的化学性质和物理性质。它在一定的物理化学条件下很稳定，是固体地球和地外天体中岩石和矿石的基本组成单位。

简单地说，只要符合**①天然形成，②固态单质或化合物，③有固定的化学成分和内部结构**这三个条件，那就是矿物了。是否有规则的形状，是否透明，是否金光闪闪等并不是判断矿物的标准。例如，晶莹剔透的玻璃并不是矿物，因为它的微观结构比较杂乱，组成成分不固定，而看似与矿物不相干的贝壳的主要成分则是一种矿物——文石。

自然界中的矿物很少单独出现，经常是许多不同的矿物聚集在一起形成某种岩石。此外，即使是单一矿物组成的岩石，其中的矿物也常常以多晶或隐晶质的形态出现。

那么隐晶质又是什么呢？岩石虽然是由矿物组成的，但

矿物不一定晶莹剔透（黑云母晶体）

是这些矿物不一定都能长成巨大的晶体，许多矿物会形成几微米到几十微米的小颗粒。这些小颗粒用肉眼是看不到的，但是它们的物理性质和微观结构与大颗粒晶体一样，这种形态我们就称作“隐晶质”形态。与之对应，如果岩石中的矿物可以直接用肉眼看到晶体，那就是“显晶质”形态。

想要找到一个结晶完好、晶莹剔透的矿物晶体极其困难。即使是石英这种地球表面最常见的矿物，晶体完好的水晶也不易找到。为了便于读者能看到矿物在自然界中最普遍的形态和外观，本书中大部分矿物的照片来自与之关系密切的岩石，而非完美的矿物晶体，毕竟矿物单独出现的情况实在是太少了。

2 岩石

对很多人来说，“岩石”是一个既熟悉又陌生的词。许多人认为岩石就是石头，在地质学中，岩石的含义是：**天然形成的、由一种或几种矿物（或者天然玻璃）构成的、具有固态的稳定外形的集合体。**

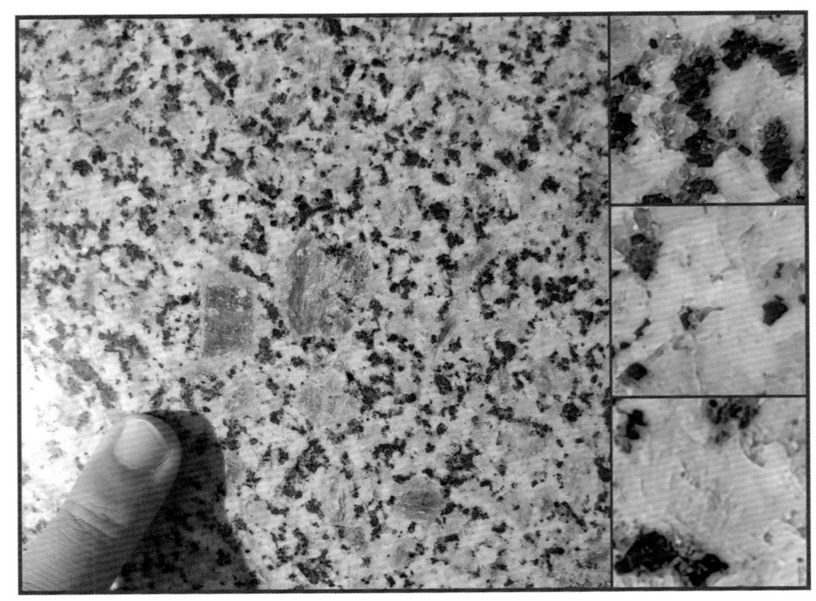

组成二长岩的几种主要矿物：角闪石、斜长石、正长石

与矿物类似，岩石也有三个判定条件：**①天然形成，②由矿物或天然玻璃构成，③具有固态的稳定外形**。有的岩石只由一种矿物组成，比如纯净的石灰岩，它的主要矿物成分是方解石；有的岩石则由多种矿物组成，比如花岗岩，它一般由斜长石、正长石、石英、黑云母组成。

根据形成原因，可以将岩石分成三类：**沉积岩、火成岩（亦称岩浆岩）和变质岩**。在岩石形成的过程中，它所处的环境往往会在岩石上留下记录。在岩石形成之后，往往还会经历各种地质作用的改造，这些也会在岩石上留下痕迹。这些记录和痕迹就是岩石中的各种**地质构造**。

①沉积岩（泥质条带灰岩），②火成岩（安山岩），③变质岩（片岩），④地质构造（布丁构造）

观察矿物与岩石的意义

1 感受自然之美

地下有什么？有晶莹剔透的矿物晶体，五彩斑斓的岩石，蜿蜒曲折的褶皱，层层叠叠的地层。矿物和岩石组成的世界并不是死板的。尽管不像生物界那样有数不尽的物种，但地球内部的万般变化依然有独特的美感。当你了解了一定地质知识后，就能看到美景背后隐含的故事与自然规律。比如，像斑马纹一样的灰岩记录了海平面的升降，深浅相间的简单图案是地球环境变迁的缩影。

泥质条带灰岩与砾屑灰岩表明热带浅海和频繁的风暴曾经在这里存在过。其中黄白相间、整体偏黄色的地层是由泥质条带灰岩组成的，而整体偏灰色、内部有许多不规则颗粒的则是由砾屑灰岩组成的地层。有时候二者的界线也不十分清晰。

2 了解矿产资源和生活的关系

煤炭、石油、水泥、钢铁……这些都是支撑起现代文明的重要物质。你是否想过，这些物质来自哪里？煤炭、石油由埋藏于地层深处的古老生物遗骸经亿万年时光炼成，水泥的原材料来自石灰岩，钢铁来自各种铁矿。此外，各种岩石也常作为建筑材料出现在各个时代的建筑中。

虽然我们并不生活在群山中，但我们周围有大量来自群山的产品。地质学家萨洛蒙·克罗宁博格（Salomon Kroonenberg）曾说过：“我们使用的一切物品，不是种出来的，就是挖出来的。”通过观察矿物和岩石，能够加深我们对生活中遇到的各种事物的了解。

3 体会地球的沧桑变化

岩石，特别是沉积岩，是记录地球历史的“书页”。要想阅读地球，必须掌握一定的地质知识。沉积岩的颜色、颗粒成分、颗粒大小、沉积构造等的变化，记录了它形成时的地质环境。通过观察和分析沉积岩的变化，我们就能推断出这里曾经是山岭还是盆地，是陆地还是海洋，是平原还是浅海。此外，沉积岩中的各种化石也可以让我们看到地球上曾经出现过的生命形态，并推测生物的演化历史。

北京西部山区分布着大片形成于海洋环境的碳酸盐岩，可见在数亿年前这里曾经是一片海洋。

4 认识身边的世界

矿物与岩石早已经深入人类的生活中，即使城市也是如此。建筑物的各种地砖和墙面，公园中的观赏石等大都来自天然岩石。尽管如此，人们对自然的关注更多的还是集中在各种动物和植物上，很少有人会对踩在脚下的岩石仔细观察。了解矿物与岩石的知识，就可以在生活中发现这十分显眼却又常被忽略的世界。

①公园中的造景石（灰岩），②地砖（花岗斑岩），③刻字石（混合岩）

矿物与岩石的分类及形成原因

纷繁复杂的生物界充满了各种各样的生物。据统计，目前地球上生活着约 150 万种动物，45 万种植物，200 万种以上的真菌，以及难以估量种类的细菌。但矿物和岩石的种类显然没那么多。据统计，天然形成的矿物只有 5700 多种。岩石的种类依据不同的分类方案会有不同的数量，但总量也不多。实际上，按照国际地质科学联合会的分类方案，地球上的火成岩只有约 150 种，沉积岩 50 多种，加上稍微复杂一些的变质岩，岩石的种类不足 1000 种。与动辄上百万物种的生物界相比，矿物与岩石的世界似乎非常单调。

数量少不代表分类简单。正相反，矿物与岩石的分类和命名非常复杂。生物的物种间有演化关系，通过对比基因就可以梳理出一条相对清晰的演化之路。但矿物与矿物之间、岩石与岩石之间基本没有这样的关系，矿物与岩石的分类更像是纯粹的“分类”：根据一定的特征把事物分门别类。正因如此，分类标准的不同会导致矿物或岩石的分类不固定。下面就来简单介绍矿物与岩石的分类体系。

1 矿物分类

与生物分类体系中 7 级主要分类阶元（界门纲目科属种）和对应的亚型、数不尽的演化支相比，矿物分类体系显得非常简单。矿物的分类体系有许多种，不过目前最常用的分类体系是以**矿物本身的晶体化学特征**为依据进行划分的。这种分类体系有 4 个等级的分类单元：大类、类、族、种，其中类、族、种还可以分为亚类、亚族、亚种，而种还可以分为变种或异种。其中，大类主要以矿物成分的化合物类型来进行划分。

整个矿物界主要可以划分为以下七类：

①自然元素矿物，即天然出现的单质，如金刚石（C）、自然金（Au）。

②金属互化物矿物，即天然形成的合金，如碳硅石（SiC）、陨磷铁矿（Fe_3P）。

③硫化物及类似化合物矿物，如黄铁矿（$Fe[S_2]$）、方铅矿（PbS）。

④氧化物和氢氧化物矿物，如石英（SiO_2）、三水铝石 [$Al(OH)_3$]。

⑤含氧盐矿物，如正长石（$K[AlSi_3O_8]$）、方解石（$Ca[CO_3]$）。

⑥卤化物矿物，如岩盐（NaCl）、萤石（CaF_2）。

⑦有机矿物以及准矿物，如草酸铁矿（$Fe[C_2O_4]\cdot 2H_2O$）、琥珀（$C_{10}H_{16}O$，具体比例不定）。

“类”是根据**阴离子**或**络阴离子**的种类对矿物进行划分，比如带有硅酸根（$[SiO_4]^{4-}$）的矿物就属于硅酸盐类矿物。有时候由于络阴离子可能以多种方式连接在一起，还可以在类中分出亚类，比如橄榄石就属于硅酸盐类矿物中的岛状硅酸盐矿物亚类。根据晶体结构和阳离子性质可以将矿物划分出不同的族，比如晶体结构与橄榄石类似的矿物就属于橄榄石族矿物。

根据一定的化学成分和晶体结构就能划分出具体的矿物种类，本书介绍的矿物基本都属于具体的矿物种，但有时候还可以将其细分。比如，斜长石可以是任意比例的钠长石和钙长石，因此斜长石还可以根据钠长石分子和钙长石分子的比例划分出不同的**亚种**。有时候一种矿物可能也会因为某些杂质而出现特别的种类，比如蔷薇石英，它属于石英的一个**变种**。本书中对矿物进行介绍时会写出矿物所属的类和族。

石榴子石 族

$Fe_3Al_2[SiO_4]_3$

含氧盐矿物 大类

硅酸盐矿物 类

岛状硅酸盐 亚类

铁铝榴石

从矿物的化学式看出矿物的分类

2 矿物的形成原因

每种矿物都有它独特的形成方式，有些矿物可以在不同的环境中形成。矿物常见的形成方式有六种：随着岩浆的冷却结晶而成、从高温流体中结晶而成、水溶液过饱和沉淀而成、替换其他矿物而成、几种矿物之间发生化学反应后形成、通过生物作用形成。

2.1 岩浆冷却结晶

岩浆岩中的矿物基本都是在岩浆冷却过程中形成的（玄武岩中的杏仁、花岗岩中的捕虏体等少数情况除外）。一般来说，岩浆冷却速度越快，越容易形成更多细小的矿物晶体，而缓慢冷却的岩浆往往会形成较大的矿物晶体。

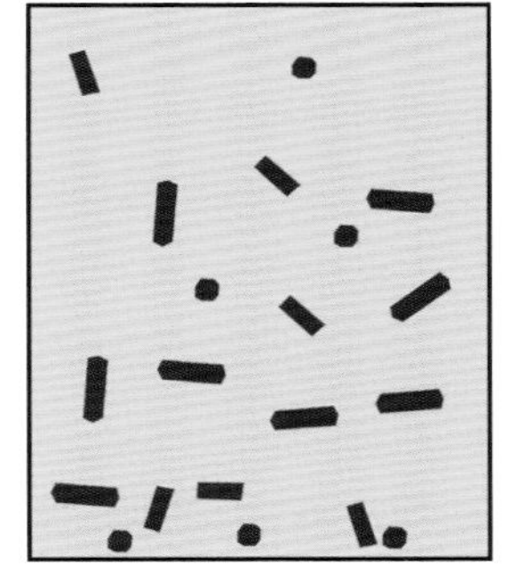

缓慢冷却形成少量大晶体

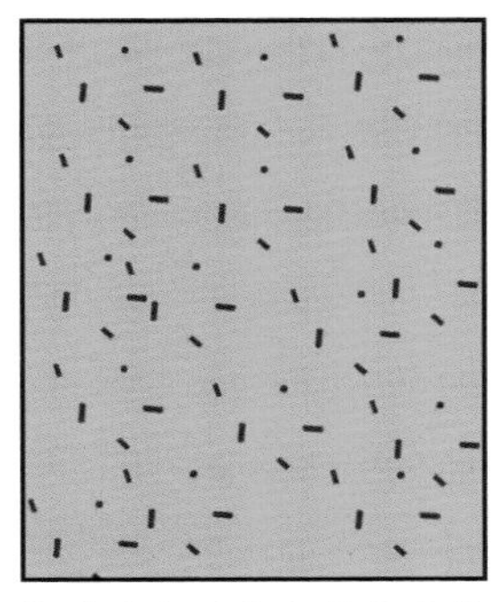

快速冷却形成大量小晶体

岩浆冷却速度较慢时，形成的晶体较少，但晶体个头很大；岩浆冷却速度较快时，形成大量小颗粒的晶体。

2.2 高温流体结晶

水的温度越高，越能溶解各种矿物质。在地壳中，这样高温的水并不少见，它们有的直接来自岩浆，有的来自地面，随后被地下的高温加热。这些高温的水在沿着岩石裂缝向上运动的过程中，温度下降，其中的矿物质就会析出，形成矿物。这些矿物常常呈脉状出现在岩石或地层中。

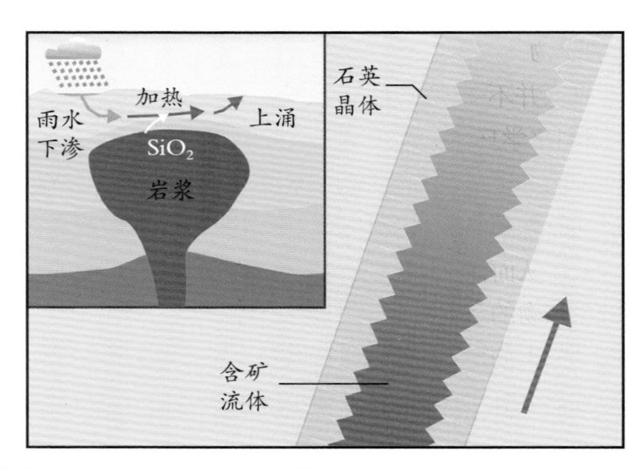

雨水沿着裂缝渗入地下深处，与岩浆反应后成为含有矿物质的含矿流体（热液），这些热液沿着缝隙上涌，就会析出矿物质。

2.3 水溶液过饱和沉淀

除了高温流体温度降低外，常温下水中的矿物质也能通过一些地质过程沉淀出来。有一类矿物的形成与海水或湖水的蒸发有关，那就是以卤化物为主的蒸发盐类矿物，比如岩盐、芒硝等。此外，海水中含有大量的碳酸钙，它们会自发沉淀形成方解石或文石，最终形成石灰岩。

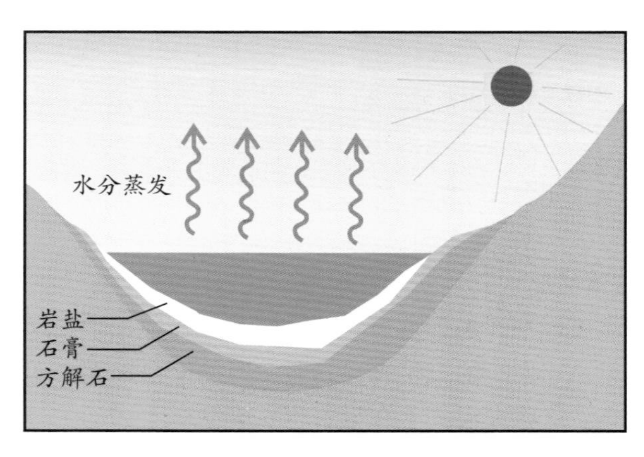

干旱地区的湖泊，湖水在不断蒸发的过程中，浓度提高。湖水中溶解的盐类按照溶解度从小到大的顺序依次沉淀，形成蒸发岩。

2.4 替换其他矿物

矿物形成后并不一定会稳定存在，随着周围化学环境的改变，可能会被其他矿物所替换。比如在特定环境下，方解石沉积物会被白云石替换，从而使灰岩变成白云岩。关于矿物的替换，更经典的例子是硅化木的形成过程：在微酸性环境下，木头会逐渐溶解，而二氧化硅则在溶解处沉淀，最终形成硅化木。

白云岩中经常出现许多硅质条带，它们是燧石替换白云石形成的。

2.5 矿物之间的化学反应

矿物形成后除了可能会被替换，也可能与其他矿物发生化学反应，从而形成新的矿物。比如，橄榄石与水反应会形成一种新的矿物——蛇纹石，这个过程被称作“蚀变”。此外，变质作用也会使原本“相安无事”的矿物发生反应，形成新的矿物，比如方解石与石英在一定温度下反应，形成硅灰石。

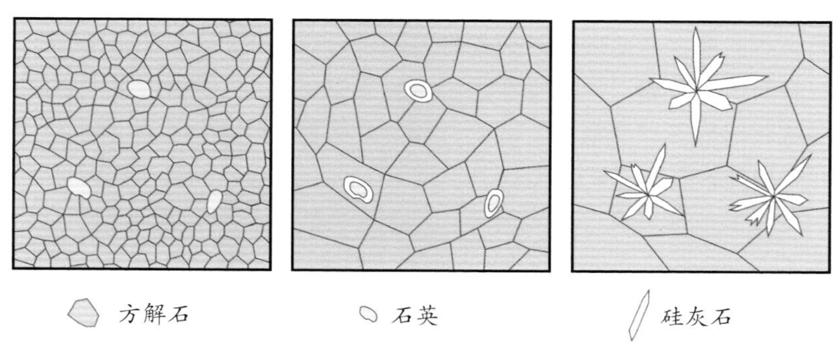

灰岩中的少量石英颗粒，会在变质过程中与方解石反应，生成放射状硅灰石。

2.6 生物作用

自地球出现生命以来，生物一直参与改变地球的过程，其中就包括形成矿物的过程。比如，文石或方解石的骨架是珊瑚、贝类等生物利用海水中的碳酸钙而形成的，这些骨架最终会形成灰岩。许多有机矿物的形成也离不开生命活动，比如琥珀就来自古老的树脂。

许多生物都会使用碳酸钙（文石或者方解石）构筑外壳，例如藤壶。

3 岩石分类

如果矿物的分类还算有一定的分类标准，那么岩石的分类就更加复杂，某种程度上可以说是混乱。岩石根据其形成原因可以分为三大类：来自岩浆冷却的**火成岩**；来自岩石风化产物再次沉积并形成岩石的**沉积岩**；先前存在的岩石在高温、高压、作用力的作用下形成新的岩石的**变质岩**。此外，针对太阳系其他天体上的岩石，还有**“地外岩石”**这第四大类。

按照形成过程分出大类后，几个大类的岩石就有各自的分类标准了。

对于火成岩来说，既可以根据它们出现的形态（产状）分为**侵入岩和喷出岩**两个大类，也可以根据其最重要的化学成分 SiO_2 的含量，划分为四个大类：**超基性岩、基性岩、中性岩**以及**酸性岩**。这里的“酸性”一词和二氧化硅含量有关。二氧化硅实际上是一种非金属氧化物，可以看作脱去水的硅酸（即硅酸的“酸酐”）。因此，二氧化硅含量越高，岩石的“酸性”就越强，不过在常温下二氧化硅几乎不溶于水，所以用手触摸石英等酸性岩时，不用担心手会被石英“腐蚀”。形态与成分含量这两种分类体系互不相干，但可以互相组合。此外，侵入岩常常分为**深成侵入岩和浅成侵入岩**。例如，花岗岩属于酸性深成侵入岩，这就是形态与成分含量两种分类体系同时划分出的结果。

依据火成岩化学成分划分的分类体系，除了根据 SiO_2 含量划分外，还有根据 K_2O、Na_2O 含量划分出的碱性、亚碱性火成岩，根据 Al_2O_3 含量划分出的铝质、过铝质、过碱质火成岩等。根据这些细节可以进一步划分出更细的种类。如此复杂的分类体系对应着一个复杂的命名系统，这些指标互相交叉，最终划分出几十种火成岩。

火成岩分类表

	形成深度	超基性	基性	中性	酸性
SiO_2 含量		$< 45\%$	$45\% \sim 52\%$	$52\% \sim 65\%$	$> 65\%$
喷出岩	地面	科马提岩	玄武岩	安山岩	流纹岩
浅成岩	0 ~ 5km	金伯利岩	辉绿岩	闪长玢岩	花岗斑岩
深成岩	> 5km	橄榄岩	辉长岩	闪长岩	花岗岩

对于沉积岩来说，常见的分类方法是根据沉积物的来源将其分成两个大类：来自大陆岩石风化产生的碎屑物堆积而成的陆源碎屑岩、来自胶体或溶液在特定环境下沉淀形成的自生沉积岩（化学岩）。碎屑岩有一套约定俗成的根据碎屑物粒度大小进行划分的分类系统，化学岩则根据不同的化学成分分为碳酸盐岩、硅质岩、铁质岩等不同种类。本书将以这样的分类方式对沉积岩、沉积物条目进行分类。

除此之外，火山活动也会喷发出各种碎屑物，它们也会堆积起来形成岩石，这就是火山碎屑岩。本书也将介绍一种常见的火山碎屑岩：凝灰岩。

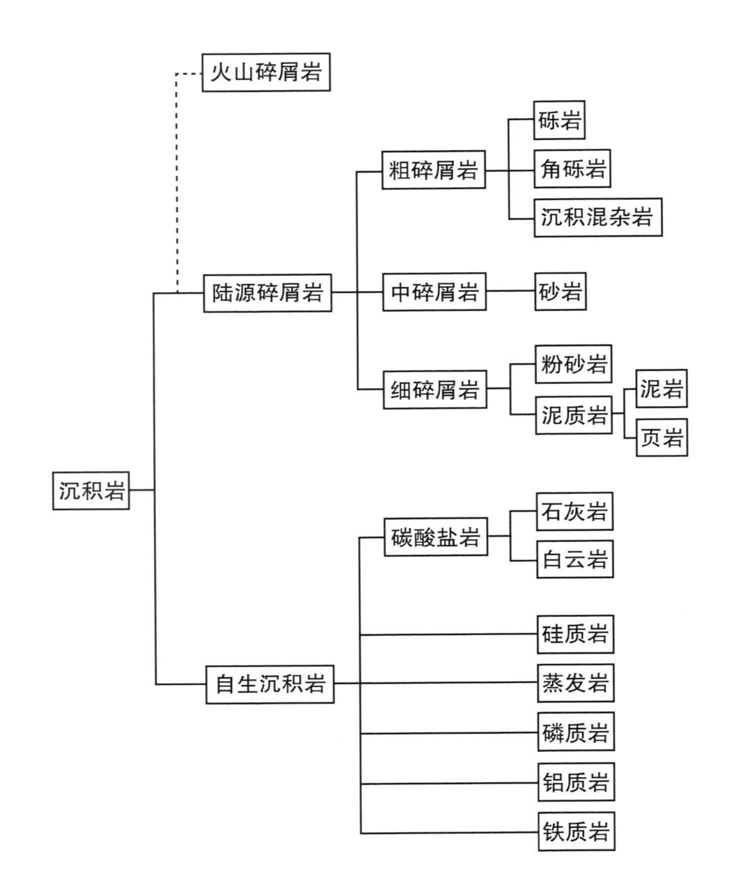

沉积岩分类图

对于变质岩来说，它们的种类既与原始岩石的种类有关，也与其复杂的具体变质过程有关。虽然变质岩的形成过程复杂，却有一个相对简单的分类体系。这个分类体系将常见变质岩根据其原岩的主要成分分成 5 个系列，分别是：

①泥质，即源于泥质岩石。

②长英质，即原岩矿物成分以长石、石英为主的岩石，比如砂岩、中酸性火成岩。

③钙质，即原岩矿物成分以碳酸钙为主的岩石，比如灰岩、白云岩。

④基性，即原岩成分与基性岩类似的岩石，比如玄武岩、辉长岩等基性岩浆岩。

⑤镁质，即原岩为超基性火成岩或镁铁矿物含量非常高的其他岩石，比如橄榄岩、蛇纹岩等镁铁含量高的岩石。

这 5 个种类的变质岩虽然依据原始岩石来分类，但由于仅涉及其主要成分，而不涉及具体矿物，因此避免了一些变质程度很深的变质岩因原岩难以确定而无法定种的尴尬。这套分类方案基本涵盖了所有的变质岩，不过有些特殊的变质岩也有单独的分类和命名。

由于变质岩本身的复杂性，本书涉及变质岩的条目将不做详细的分类，而是笼统地将其归入变质岩大类。

4 岩石的形成原因

每种岩石基本上都有固定的形成原因。由于岩石是由矿物组成的，因此岩石的形成原因与矿物的有很多相似之处。火成岩、沉积岩和变质岩这三大岩石类型就是根据岩石的形成原因对其进行的划分。

4.1 火成岩的形成原因

火成岩是与岩浆有关的岩石，根据它们出现的形态（产状）可以分为侵入岩和喷出岩两类，而根据岩石中二氧化硅的含量可以划分为超基性岩、基性岩、中性岩和酸性岩这四类。这些已经在“岩石分类”中讲解过，不再赘述。不同成分的火成岩是由不同成分的岩浆冷却形成的，而不同成分的岩浆主要通过三种不同的作用形成：部分熔融、岩浆分异、岩浆混合。

把固体加热到熔点（如果固体不分解的话），它就会熔化成液体。岩石也是如此，不过岩石的成分比较复杂，不同的矿物有不同的熔点，其中熔点较低的矿物先开始熔化。如果此时停止加热，岩石就会变成由熔化的熔体和残余的固体组成的物质，这就是部分熔融。当这些熔体重新结晶时，形成的就是另外一种岩石了。

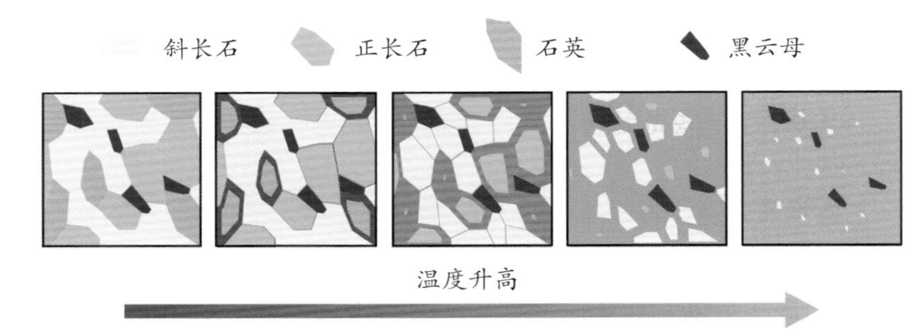

部分熔融过程。随着温度的升高，不同的矿物按照熔点从低到高，依次开始熔化，并形成不同成分的岩浆。

由于岩浆本身由熔点不同的矿物组成，所以当温度下降时也有类似的现象出现：岩浆中熔点较高的矿物先冷却结晶，剩下的岩浆则由熔点较低的矿物组成，通常是石英、正长石和部分斜长石，这些岩浆也就越来越“酸”，这个过程就叫作岩浆分异。

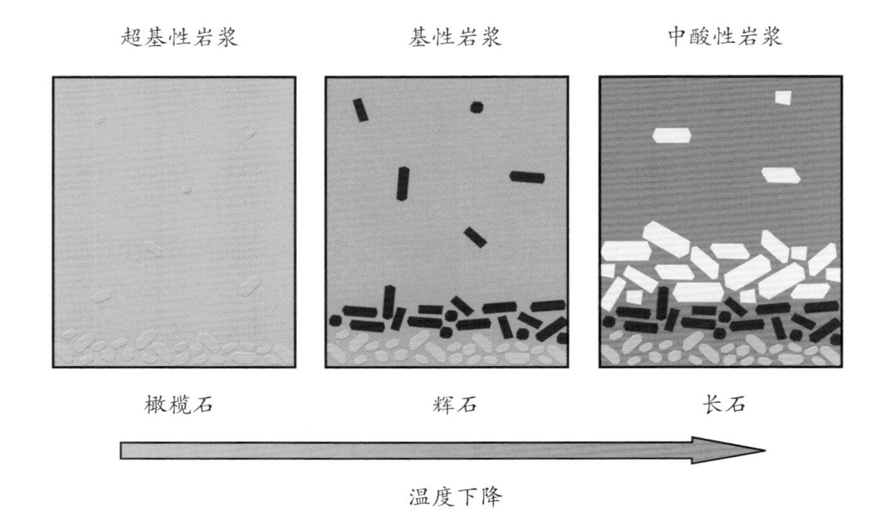

分离结晶与岩浆分异过程。随着温度下降，岩浆中熔点较高的矿物（一般是镁铁质矿物）会先结晶。与此同时，岩浆的成分也会逐渐改变，由基性向中性甚至酸性变化。

不同成分的岩浆相遇后可能会发生混合，“调和”出另一种成分的岩浆，这个过程就是岩浆混合。与之类似，岩浆在地下会熔化周围的岩石，这些周围的岩石成分加入到岩浆中，也会让岩浆的成分发生改变，这个过程叫作同化混染。上述这些作用互相影响，就形成了各种各样的岩浆和复杂多变的岩浆岩。

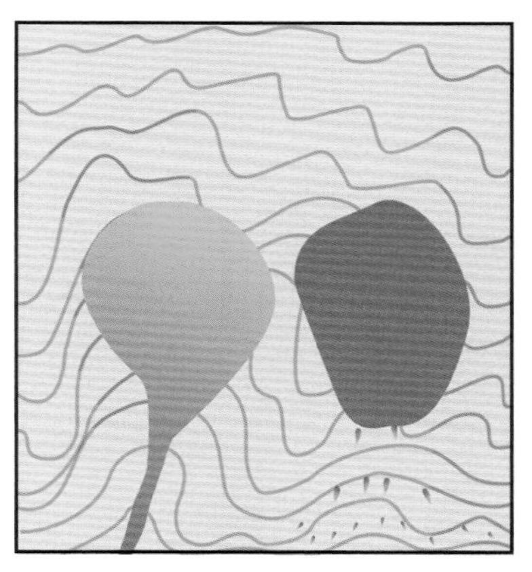
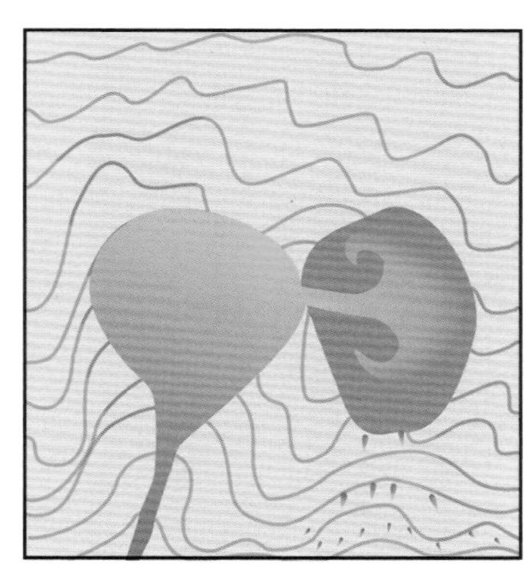

两种不同成分的岩浆接触后，有可能会融合并形成成分不同的新的岩浆。

4.2 沉积岩的形成原因

沉积岩完全形成于地球表面的地质过程。组成沉积岩的物质来自于各种岩石的风化，随后被地面的风、水、重力等运输到其他地方，又在重力作用下一层一层沉积，最终压实形成岩石。沉积岩的形成过程基本是看得见摸得着的。

第一步是风化过程。简单地说，就是地面各种力量对岩石的破坏，看上去坚不可摧的岩石在地球表面其实很容易被破碎、分解。风化作用分为物理风化、化学风化和生物风化这三类。物理风化主要是指各种力的作用，它们将岩石分解成砾石、砂甚至尘埃；化学风化主要是指岩石与空气和水发生的各种化学反应，它们将岩石变成各种可溶的物质，由流水带走；生物风化则兼具物理作用和化学作用，比如植物的根会进入岩石裂缝，推挤两侧的岩石，地衣、植物的根等分泌的酸性物质会侵蚀岩石。

风化作用的三种类型：①物理风化（球状风化），②化学风化（溶蚀），③生物风化（根劈作用）。

紧随其后的搬运过程会将风化形成的碎片或溶解的化学物质从岩石旁边带走，最终带到一个相对稳定的地方，开始沉积。在搬运过程中最常见的力量就是水，比如雨水冲刷岩石表面，带走砂砾和浮土。在山区，集中的降雨汇集成洪流，将大块的砾石带向平原，而河流更是源源不断地向海洋输送泥沙。除水之外，风也是一种重要的力量，比如沙尘暴能跨越群山，将内陆的细颗粒物带到几百千米甚至几千千米之外的平原和海洋。

当搬运作用暂时停止时，水与风所携带的物质就会沉积下来，这就是沉积过程。这个过程可以是物理过程，也可以是化学过程。颗粒物在重力作用下一层一层地沉积下来，这是物理过程，这些沉积物就是陆源碎屑岩的前身。水中溶解的物质随着环境的变化沉淀下来，这是一种化学过程，这些沉积物则是自生沉积岩（化学岩）的前身。这些沉积物一层一层地堆积，在重力作用下被压实，颗粒与颗粒之间被新形成的矿物像胶水一样粘在一起，最终形成沉积岩。

沉积作用是一种至今仍在地表进行的地质过程，我们在野外很容易看到各种尚未成岩的沉积物，本书也会介绍常见的现代沉积物。

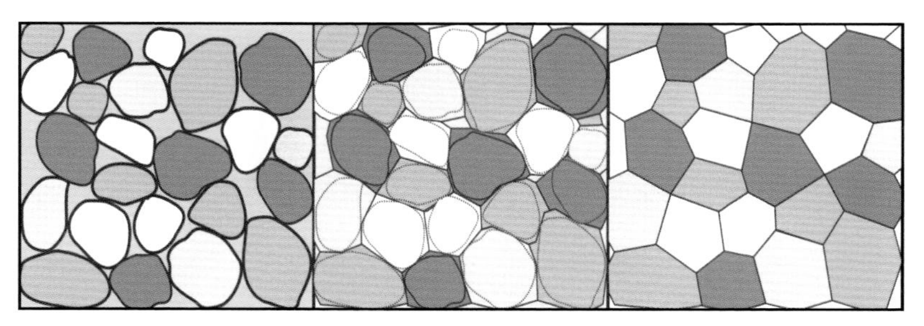

石英岩的重结晶作用：随着变质程度的加深，石英砂岩的孔隙被新生成的石英填充，颗粒由圆形变成多边形，最终完全结晶成为石英岩。

4.3 变质岩的形成原因

变质岩则是另一种与地球内部力量有关的岩石。一切已经成形的岩石，都可能会被地壳运动带到另一个新的环境中。比如，沉积岩被埋入十几千米深的地壳中部，花岗岩被带入几十千米深的地壳下部等。当岩石进入新的环境时，由于温度、压力等发生改变，原先的岩石就会跟着改变，这就是变质作用。

岩石在变质过程中会发生各种各样的变化。当温度升高时，原本细小的晶体会熔化，然后重新结晶，形成颗粒巨大的晶体，这就是重结晶作用，比如石英砂岩、灰岩、白云岩等大部分由一种矿物组成的岩石，在受到高温烘烤时就会变质形成石英岩和大理岩。当温度升高时，原先岩石中的一些矿物会变得不稳定，重新组合形成新的矿物并且结晶，这也是一种重结晶作用，最常见的就是泥质岩石中的黏土矿物在高温下形成红柱石。随着温度的增加和压力的变化，新生成的矿物的种类也会不断变化，从而形成新的岩石。

除了温度与压力之外，其他化学物质的加入、岩石受到的力的作用等都会形成相应的变质岩，在此不过多介绍，具体的变质岩形成过程在相应条目中会详述。

5 地质构造

本书中除了讲述矿物与岩石之外，还介绍了各种各样的地质构造。地质构造可以简单地理解为岩石因为各种地质作用而形成的特殊外形。比如，岩石受到外力而发生的断裂，沉积岩形成时具有的层理等。地质构造可以分为岩石形成时就有的原生构造，以及岩石形成后由于地球内部力的作用而产生的次生构造。地质学家常说的构造往往指的是与地壳运动有关的次生构造。

在哪里可以找到矿物与岩石

由于岩石是由矿物组成的，因此当我们知道哪种岩石在何处时，就知道了它所包含的矿物出现在什么地方。那么，在哪里可以看到岩石呢？

1 山区

最容易见到各种岩石的地方就是山区，绝大多数天然形成的山都是由岩石构成的。山区里有许多地方可以直接看到处于原始位置的岩石，比如断崖、山谷底部、采石场和采矿场以及公路两侧的断面。

断崖是山区里最常见的地貌之一，近乎直立的崖壁无法留住岩石风化后形成的土壤，因此也很少有植被覆盖，只有岩石裸露在外。在这里可以观察岩石的宏观特征，比如颜色、形态以及大范围的变化。但断崖往往难以靠近且非常危险，因此要想近距离观察是很困难的。

在断崖上能清晰地看到岩石

山谷底部常常是流水冲刷最强烈的区域，这里既有新鲜的岩石露出，也有从山上滚落的石块。相比断崖这里更安全，更适合近距离观察岩石。如果河流中没有水，还可以进入河床观察河床里的砾石。

山谷底部会有各种各样的砾石

采石场和**采矿场**是非常适合观察岩石的地方，这里拥有最新鲜的岩石断面，而且交通相对方便。但也有不利之处，比如正在开采的采石场往往不对外开放，废弃的采石场也有安全隐患，有可能因为封闭而难以进入。

采矿场有比较新鲜的岩石露出，但可能不易接近。

公路两侧的断面是最适合观察岩石的场所之一。这里交通方便，岩石断面比较新鲜，而且分布范围很大。可以沿着路边追溯很长一段距离，同时很多公路都经过一定的加固，安全隐患相对较小。不过，在这些地方观察岩石依然需要时刻注意安全，即使是加固过的边坡依然可能存在落石，而且在繁忙的公路边观察时也需要注意来往车辆。

在公路两侧可以很容易看到岩石，不过不少地方有护坡和铁丝网阻拦。

2 丘陵

丘陵地带地形相对平缓，这些地方一般都被土壤和植被覆盖，只有山坡上偶尔会出现一些风化残留下来的石块。在丘陵之间的冲沟或河流中，往往会有较多的砾石，这些砾石来自附近的山区或丘陵上的石块，而且越靠近平原地区，河谷中的石头越少。丘陵地区的岩石一般来说风化程度比较严重，如果在丘陵地区看到突出的岩石，通常意味着这些岩石的抗风化能力更强，比如一些酸性的岩脉。

丘陵地带上一条突起的岩石带，实际上是出现在灰岩中的花岗岩岩墙。

3 城市

大部分城市所在的平原地区很难出现天然的石头，因为平原地区很难有足够强大的作用力将岩石从山区带到这里。但基于各种原因，人们还是将各类岩石搬到了城市中。在城市中，岩石主要有两种作用，一是作为建筑材料，二是作为景观石。作为建筑材料的岩石经常出现在地面以及建筑物的墙面，作为景观石的岩石主要出现在公园和建筑群的入口处。

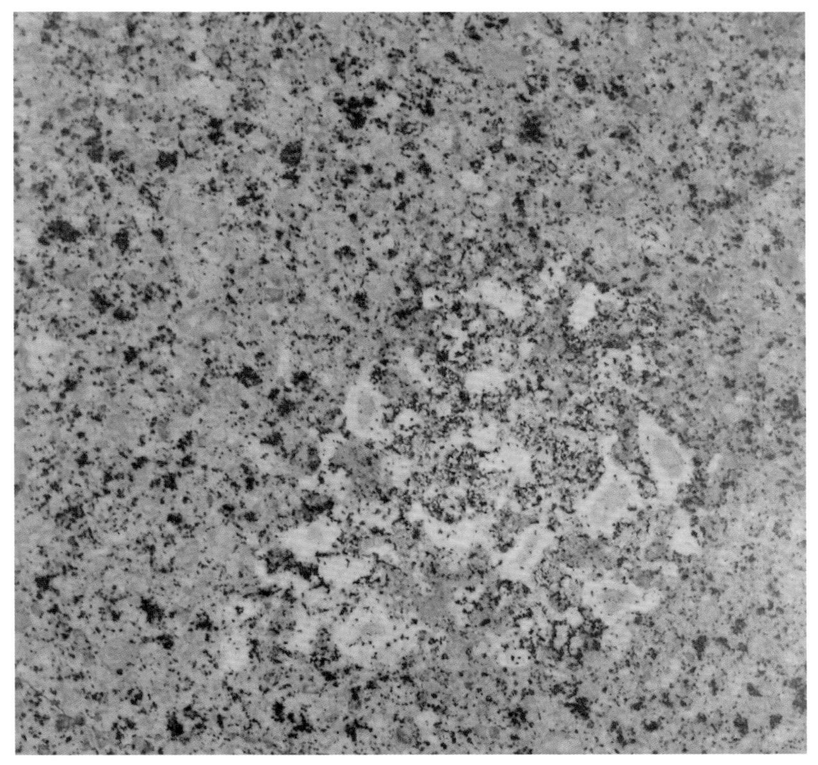

北京公主坟地铁站内的地砖，可以看到碱性岩浆岩中的包裹体。

城市中的岩石观察起来非常便捷安全，岩石也经过了一定的挑选，常常有野外不易见到的特殊种类。同时，部分岩石经过加工，能更清晰地观察其内部结构。不过，它们毕竟是人工搬运而来，常常缺失了许多重要的地质信息。如果想更全面地了解岩石，最好还是前往野外，去观察它们最自然的样子。

4 观察时需要使用的专业资料

4.1 地质图

与动植物不同，岩石的分布在很长一段时间内都是非常稳定的。

因此对各地的岩石进行调查，就能画出岩石的分布图，如果有这种图，就可以对照着图来寻找岩石。这种图是什么呢？它就是地质图。地质图是将一片区域内的地层、岩石、褶皱、断层等现象按它们的实际位置画在地图上形成的图件。世界上第一幅具有现代意义的地质图是 1815 年由英国地质学家威廉·史密斯（William Smith）完成的英格兰和威尔士地质图，中国第一幅地质图是 1909 年由邝荣光绘制的区域地质图——《直隶省地质图》。

地质图不只是一张特别的地图，它还有许多重要的部件。其中，有各种图例，用来表示图中各种色块和线条的意义；有综合地层柱状图，将这个区域内的各个地层按照上下叠置的顺序排列，并描述整体的岩石类型和特征；有剖面图，画出图中 1 ~ 2 条剖面上的地质情况。通过这些信息就可以大致了解这片区域的地质概况。

在我国，地质图等基础地质资料一般是保密的，公众很难获得，不过现在许多不涉密的地质资料已经公开。国内已经公开的地质图可以前往全国地质资料馆进行在线查阅。目前 1 ∶ 25 万的基础地质图基本做到了全国覆盖，该地质图中，覆盖北京地区的主要有 K50C004002（延庆县幅）和 J50C001002（北京市幅），北京东部有一部分区域位于 K50C004003（承德市幅）。此外，从中国地质调查局建立的“地质云”上，也可以查阅各种地质图。目前这两个网站还在不断建设中，未来将会有更多实用功能。

一般来说，地质图中的侵入岩和变质岩单独表示，酸性岩浆岩一般为鲜亮的红色，中性的为亮蓝色，基性的为浅绿色，超基性岩为紫色。小规模的岩墙、岩脉常呈细长条状，以希腊字母标注。沉积岩则按照地层划分，不同时代的地层有不同的颜色。例如，第四纪沉积物为浅黄色，以不同的色调划分不同的类型。地层层序一般遵循“下老上新”的规律，也就是说从上往下看，越靠近下方的地层，年代一般越久远，毕竟地层是一层一层沉积下来的，新地层总是会覆盖在老地层的上方。地质图中黑色的线是地层界线，红色的线是断层。此外还有一些其他标注，比如火山机构、地层产状等，可以查阅图例具体了解各种符号的含义。

4.2 地层资料

地层划分是地质学中非常重要的工作，它对地层进行划分，建立地层顺序并划定地层的上线界线。为了便于地质研究，人们会对一定范围内的地层进行统一的划分，并确定地层岩石特征和时代。在地层划分工作结束后，会出版一套书籍讲解地层的划分方案以及各个地层的标准剖面。尽管这种资料是面向专业地质工作者的，但对于地质爱好者来说同样非常有用。

首先，地层划分会系统地介绍一片区域内不同时代的地层分布情况，以及同一地层在不同位置的变化。其次，它会提供每个地层的标准剖面以及具体的岩石排列，由此可以大致了解这些地层由哪些岩石组成。最后，它会介绍沉积环境的变化，据此可以系统性地了解所在地区的演化历史。北京地区的地层资料为《全国地层多重划分对比研究——北京市岩石地层》。

不过，由于这些专业性较强的资料的受众主要是地质工作者，其中有大量专业术语，所以适合具有一定地质知识的爱好者阅读，对于刚刚入门的人来说还是过于晦涩难懂。

怎样观察矿物

1 颜色、条痕与光泽

矿物的颜色，简单地说就是矿物看上去的色彩。矿物会选择性地吸收某些特定波长（颜色）的光线。这时其他波长（颜色）的光线就被反射或者透射出来，它们混合后进入人的眼中，这就是我们看到的矿物的颜色。如果均匀地反射或者透射所有波长的可见光，那就是白色的；如果可见光完全被吸收，那就是黑色的；如果只吸收特定波长的可见光，就会呈现与之互补的颜色。

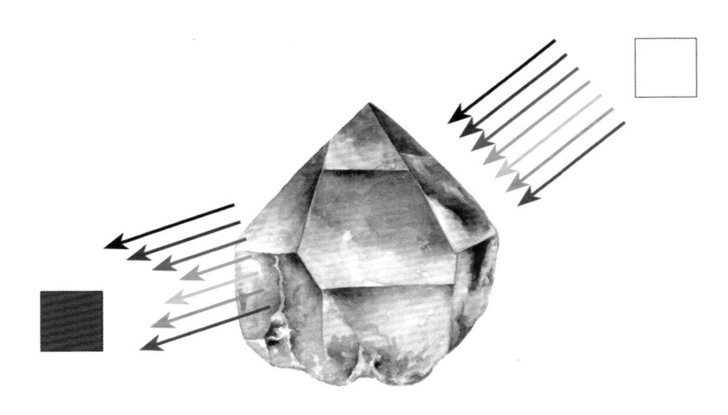

紫水晶会选择性地吸收波长500纳米左右的绿色光，白光透过紫水晶后就呈现出紫色。

矿物的颜色有许多不同的来源。有些是因为它自身具有特定的化学成分和晶体结构而形成的颜色，这种颜色叫作“自色”，自色是鉴定矿物种类的重要标准之一。当矿物中混杂着一些带有颜色的杂质时，它就会呈现其他颜色，这种颜色叫作“他色”。此外，自然光照射到矿物上，如果矿物表面或内部有特殊的结构，它们可能会对光线产生衍射或干涉，从而表现出特别的色彩，这种颜色叫作“假色”，比如薄的金属氧化膜经常呈现如油膜一样斑斓的锖色。

黑色的气孔玄武岩表面覆盖着一层薄薄的氧化膜，它们对自然光产生干涉，形成了蓝紫色的锖色。

如果将矿物在粗糙的白瓷板上刻画，就会出现条痕，条痕本身也有颜色，这就是条痕色。条痕色实际上是矿物在粉末状态下的颜色，它不一定与矿物本身的颜色相同。比如，大部分硅酸盐矿物的条痕是白色，深色的角闪石与浅色的斜长石条痕也都是白色。一般来说，硫化物矿物等不透明的矿物条痕是黑色的，而透明矿物的条痕多为白色，半透明矿物的条痕色则与本身颜色基本一致。

矿物外表的颜色和条痕的颜色经常不一致，比如黄铁矿具有金色的外表，但它的条痕却是黑色的。

光泽是矿物表面反射光线时呈现的特征。矿物反射光线的能力越强，对应的透明度就会越差。根据矿物表面的反射率可以将矿物光泽分为 4 个等级：**金属光泽、半金属光泽、金刚光泽和玻璃光泽**。其中，金属光泽反射率最大，而玻璃光泽反射率最小。以上这些标准主要针对平整的晶面，如果遇到不规则的矿物集合体，还有一些特别的光泽，比如油脂光泽、珍珠光泽、丝绢光泽、土状光泽等。

矿物的常见光泽（①绢云母的丝绢光泽，②钾长石的玻璃光泽，③高岭石的土状光泽，④黄铁矿的金属光泽）

2 硬度

矿物的硬度是衡量矿物抵抗各种机械作用能力的标尺。从微观角度讲，是指矿物原子、分子或离子间作用力强度的大小，它们之间结合得越紧密，矿物的硬度就越大。不同种类的矿物由于晶体结构、化学成分不同，硬度差距悬殊。矿物最常见的硬度指标是**莫氏硬度**，这个指标是根据矿物互相刻画能否留下条纹来进行硬度比较的，并且规定了10个等级的标准矿物。莫氏硬度的标准矿物按照硬度从高到低依次是：**金刚石（10）、刚玉（9）、黄玉（8）、石英（7）、正长石（6）、磷灰石（5）、萤石（4）、方解石（3）、石膏（2）、滑石（1）**。将待测矿物与标准矿物互相进行刻画，即可比较出硬度。介于两种矿物之间则在硬度较低的标准矿物等级上加0.5。

这套标准理论上可以扩展到一切物品，比如人的**指甲**莫氏硬度大约是2.5，**钢铁**大约是5.5。莫氏硬度是一种相对的标准，尽管数值越大硬度越大，但每级之间没有固定的倍数关系。此外，莫氏硬度相同的两种矿物实际上也会有一定的硬度差异，并不能完全等同。

在矿物学上还有其他一些定量的硬度测量方法，比如维氏硬度是利用金刚石角锥在一定压力下压痕的面积来确定硬度的。但这种方法对于野外工作和非专业人士来说并不实用，最常用的还是莫氏硬度。

3 解理与断口

解理是矿物在外力作用下沿着一定的方向破裂成一系列光滑平面的现象，这些光滑的平面称作解理面。解理是矿物本身的属性，与矿物的晶体结构有关，有些矿物很容易出现解理，而且解理面平整，有些矿物则很难出现解理，会以其他方式破裂。根据解理产生的难易程度，可以将矿物划分成5个等级，分别是：

①极完全解理：解理很容易形成，解理面平整宽大，光滑，比如云母族的矿物。

②完全解理：解理面容易形成，解理面平整宽大，但不一定光滑，可以形成阶梯状，比如方解石。

③中等解理：解理面平整但面积较小，破裂后容易形成一系列阶梯状的解理面，比如角闪石。

④不完全解理：没有平整的解理面，只有一系列小平面组成，比如辉石和橄榄石。

⑤极不完全解理：一般也称作无解理，矿物破裂后很难出现平坦面，比如石英。

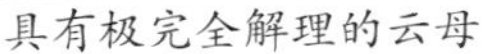

具有极完全解理的云母

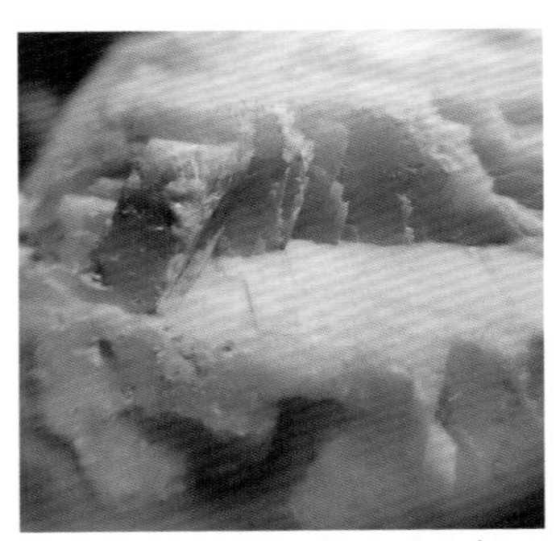

具有完全解理的方解石

一种矿物的解理一般有特定的方位，这也是辨别矿物类别的一种特征。但对于非专业人士来说，解理面的方位并不是特别重要，而且辨认起来并不容易，因此本书不标注解理面的具体方向，有兴趣的读者可以查阅矿物学相关专业书籍进一步地学习。

断口是矿物受到外力后沿着任意方向形成的不平整的断面。与解理一样，断口是否发育也与矿物本身的晶体结构有关。晶体内部的作用力如果在各个方向都相近，就不容易沿着特定的方向破裂形成解理，而是更容易形成断口。从这个角度讲，解理越是发育的矿物，越不容易出现断口。断口有多种不同的形状，其中最常见的有：贝壳状断口，常出现在石英以及其他质地均匀的非金属矿物中，在质地均匀的玻璃和树脂中也能出现；参差状断口，常出现在一些较脆的非金属矿物中；土状断口和平坦状断口在黏土矿物中常出现。

贝壳状断口

参差状断口

4 形态

简单来说，矿物的形态就是矿物长成什么形状，矿物可以以单个晶体的形态出现，也可以许多晶体聚集在一起形成集合体。矿物的单晶形态是划分矿物的重要依据，但野外极少见到单晶形态的矿物，更多的是集合体或者与其他矿物组成岩石。

矿物根据其微观结构以及形成环境，常常长成某些固定的形态。比如，石英经常长成柱状，而云母常常长成片状。但由于环境限制，矿物不一定能完全按照自身的结晶习性自由生长。根据矿物晶面的完整程度，可以将其形态分成三种类型：**自形**、**半自形**和**他形**。

斜长石的板状自形晶体

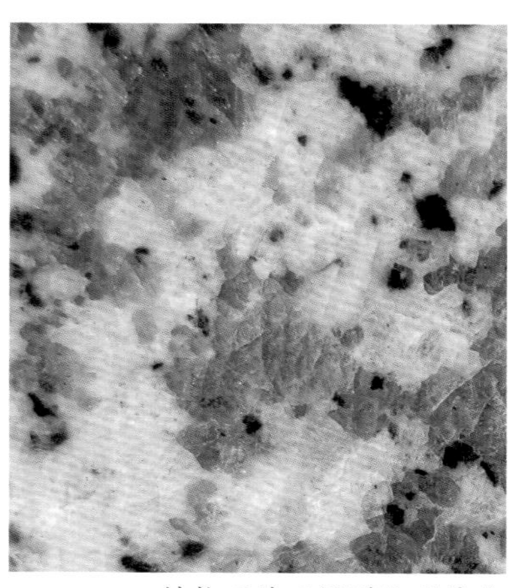
斜长石的不规则他形晶体

“自形”是指矿物在空间充足的环境下生长，能发育成近乎完美晶体的形态。由于地球内部充斥着各种物质，因此很少有足够完美的环境供矿物长出自形晶体。更常见的情况是，矿物结晶时空间不足，或者大量形成较小的晶体，最终形成的矿物颗粒被各种不平坦的面包围，完全没有晶面存在，这种形态叫作“他形”。如果矿物出现了一部分晶面，则是“半自形”。

矿物晶体表面还可能出现一些细节，比如有一系列条纹、有小的阶梯状断面、有小的形状规则的凸起等，这些也可以作为判断矿物种类的依据。

黄铁矿晶体表面有许多平行的纹路

现实中，矿物常以集合体的形态出现。比如，针状矿物会集合成束，柱状矿物会集合成簇等。矿物如果只能形成细小的晶体，则会聚集形成结核，或者围绕核心长成近似球形的颗粒，或者一层一层围绕着不规则表面形成钟乳状集合体，或者像黄土一样呈现土状。

5 其他特征

除此之外，有些矿物还有一些特别的性质。有些含铁的矿物具有相对较强的磁性，可以被磁铁吸引，如磁铁矿；有些矿物因为特别的成分而具有一定的荧光性，可以在特定波长的紫外线照射下发出荧光。某些情况下，这些特征也可以作为鉴定矿物的依据，但是由于这些特性并不常见，因此不做特别说明。

6 可以使用的工具

对于矿物的颜色和光泽，一般通过肉眼即可大致确定。可以用**白**

瓷板来测量矿物的条痕，但一般来说很少遇到需要测试条痕的情况。可以用**小刀**或**地质锤**来测试矿物的硬度，一般来说通过指甲（2.5）和小刀（钢铁，5.5）即可在野外测试常见矿物的硬度范围，以此估测矿物的种类。矿物的形态、解理及断口也可以通过肉眼大致判断出来，当矿物颗粒较小时，肉眼观察解理可能很困难，这时可以借助手持的小型**放大镜**进行观察。

总的来说，只需要携带地质锤（或者小刀）、放大镜即可满足基础的野外矿物辨认。

地质锤

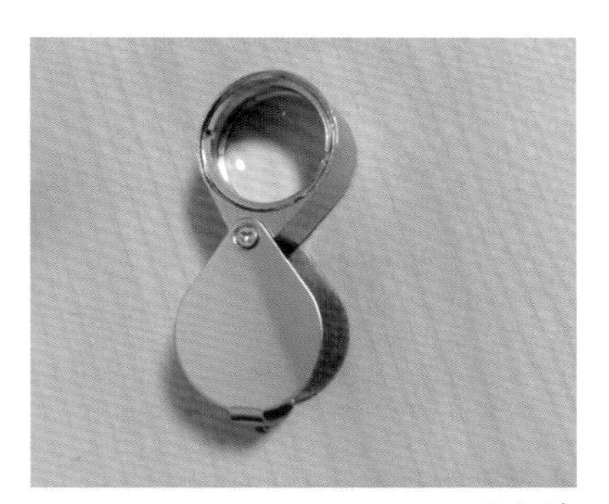

放大镜

用放大镜观察矿物或岩石的方法：样品、放大镜、人眼这三者要尽可能靠近，直到能清楚地看到矿物或岩石表面的细节

怎样观察岩石

1 颜色

由于岩石常常由多种矿物组成，所以岩石的颜色指的是岩石整体上呈现的颜色。比如，泥岩常呈现土黄色、灰绿色，花岗岩整体上呈现黄色、肉红色。岩石整体的颜色对于判断岩石的大致类型很有意义。对于侵入岩来说，整体的颜色越深，表明其镁铁质矿物含量越高，越偏基性，这种整体性的颜色叫作**色率**。这并不适用于沉积岩，沉积岩的颜色往往由其中的碎屑物、胶结物或杂质决定。岩石的颜色很容易从远处看到，但观察时需要注意区分岩石的新鲜面和风化面，以及表面的其他附着物。岩石的新鲜面和风化面常常有不一样的色彩，而岩石表面的灰土、有机质等也会遮盖岩石的颜色。

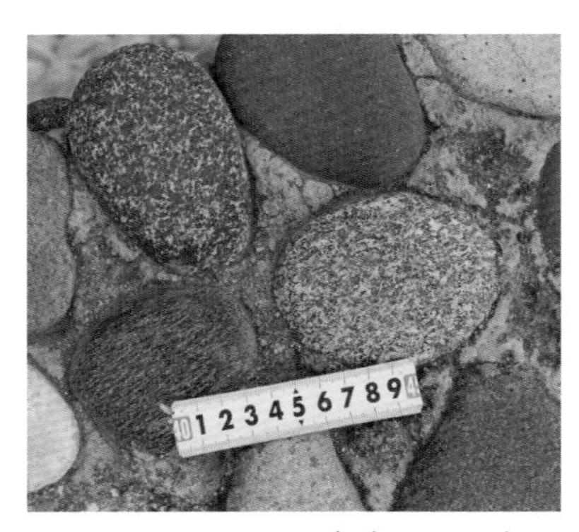

不同色率的三个卵石

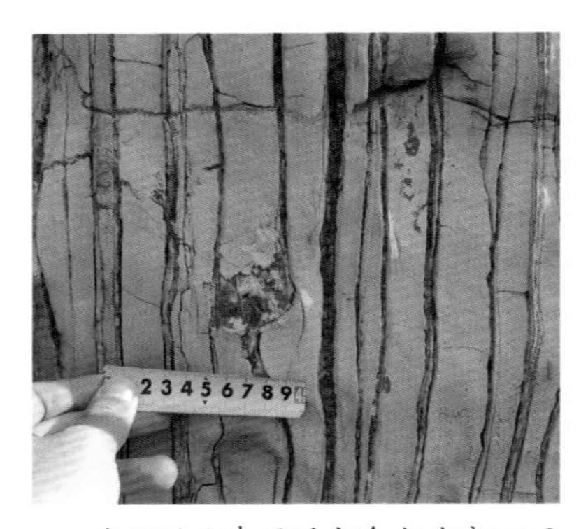

岩石风化表面的颜色与内部不同

2 主要矿物组成

岩石是由各种矿物组成的，根据岩石中主要矿物的类别和含量，就可以基本确定岩石的种类。矿物的识别方法参见“怎样观察矿物”一节，但并非在所有岩石中都能看到明显的矿物。对于侵入岩来说，由于矿物结晶较好，因此可以比较容易地确定其中主要矿物的种类，估测其含量，然后对照分类表确定种类。喷出岩由于结晶速度过快，常形成隐晶质甚至玻璃质，无法识别具体的矿物组成。此外，粗碎屑岩因为含有许多不同种类的岩石碎屑，也很难统计其矿物组成。

3 结构

结构指的是岩石中主要矿物颗粒的大小、形态及排列方式。

对于火成岩来说，结构主要包含以下几个方面：矿物的结晶程度、矿物颗粒的大小及尺度变化、矿物颗粒的形态和矿物颗粒的相互关系。

闪长玢岩中的斑状结构

沉积岩的形成过程多样，因此结构复杂，一般分为五种基本类型：**碎屑结构、泥状结构、自生颗粒结构、生物骨架结构、结晶结构**。这五种基本类型还可以分成许多具体的种类。

砾岩的碎屑结构

变质岩的结构最为复杂，其中既有原岩本身残留的结构，又有变质过程中新形成的结构，由此可以将变质岩的结构分成两大类：**变余结构**和**变质结构**。其中，变余结构是原岩残留的结构，变质结构是变质作用中新形成的结构，这两大类结构都有非常多的具体种类。

变质岩的变质结构，原先均匀的岩石中形成了新的晶体。

4 构造

构造是指岩石中矿物集合体的排列方式和分布情况。与结构相比，构造更加关注更大范围内岩石的内部特征。不过，有时结构和构造不太好区分，因此也常被统称为**“组构”**。

岩石的构造与其形成过程有关，不同成因的岩石往往在构造上差别极大。有些构造对岩石的分类至关重要，通过观察岩石的构造也能推断出其形成过程；同时，有许多构造本身极具美感，不禁让人感叹大自然的奥妙与神奇。本书中除了介绍矿物与岩石外，岩石中常出现的结构和构造也会进行介绍。

例如火成岩中，侵入岩和喷出岩的构造常有明显的差别。侵入岩常见的构造有块状构造、斑杂构造、晶洞构造等，而喷出岩常见的构造有杏仁和气孔构造、流动构造、柱状节理构造、枕状构造等。

安山岩（喷出岩的一种）中的流动构造（晶体定向排列）

多样的沉积过程，使得沉积岩的构造更加丰富，仅是层理构造就可以分成水平层理、交错层理、平行层理等。这些层理构造还可以继续细分，比如交错层理还可以分成板状交错层理、槽状交错层理、羽状交错层理等。

变质岩的构造复杂程度更高，因为其中既有原先岩石的构造，也有变质过程中新形成的构造，即变余构造和变质构造。变质岩的变余构造会随着变质程度的加深而越来越模糊，而变质构造则会越来越明显。

5 观察时可以使用的工具

鉴别岩石主要通过观察其中的矿物组成、结构和构造。其中，观察矿物组成的方法可以参见“怎样观察矿物”一节，岩石的结构可以通过放大镜进行观察，而构造一般用肉眼观察即可。由于有时鉴定岩石时需要统计其中的矿物含量，因此需要准备标板进行对比。当然，对于经验丰富的地质爱好者来说，他们很多时候一眼就能估计出岩石中矿物的含量。

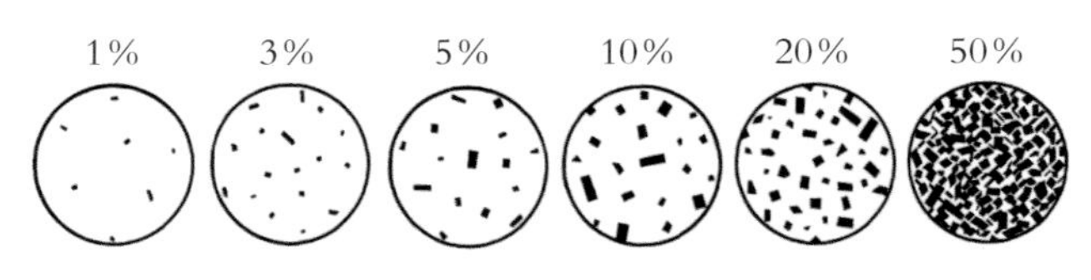

矿物含量比照卡

专业的地质研究中往往会使用到显微镜，但地质研究中使用的偏光显微镜的结构与一般的光学显微镜不同，它具有产生和分析偏振光的能力。除此之外，在地质研究中既不是把岩石直接放在显微镜下，也不是将其磨成粉末进行观察，而是将岩石磨制成 0.03 毫米厚的薄片进行观察。无论是特殊的显微镜还是复杂的制片流程，对于非专业人士来说都是难以完成的，因此对于非专业人士而言，不必购买显微镜。

怎样记录矿物与岩石

1 文字记录

可以用文字记录和描述观察到的矿物与岩石的基本特征。观察过程可以参考“怎样观察矿物”和“怎样观察岩石”这两节。在地质研究和生产中，针对矿物与岩石的文字记录有一定的规范，对于爱好者来说不必严格遵守，只要能记住其中的关键信息即可。可以准备一个方便携带的小笔记本，推荐购买地质专用的野外记录簿，上面除了有文字记录的功能外，还有方格纸可以用来画图，最后几页的附录还有与地质有关的表格和数据。

野外记录簿

2 摄影和绘图

矿物与岩石的许多特征仅靠文字记录是不够的，需要用图像记录更多的信息。在摄影技术出现和大规模普及之前，素描是地质工作者的基本功。一幅好的地质素描不仅能够记录地质现象中的关键细节，而且还具有一定的美感。地质素描常使用铅笔和方格纸，在野外记录簿上进行绘画。铅笔的优势在于，可以很方便地对作品进行修改。但是绘画时除了需要具备一定的素描技巧，还需要关注所绘目标的关键地质特征，如裂纹的分布、是否具有条带等。除此之外，还要记录目标的大小、绘制比例尺。如果目标对象是地层中的某些构造，还需要注明构造的方向。素描定稿后，如果需要出版，则要用不易更改的笔将其描绘下来，这一步称之为清绘。

但如今，随着摄影门槛越来越低，拍照越来越方便，而且速度快，储存方便，现在相机也成为了地质工作者的标配。摄影需要用到相机，这里推荐使用单反相机。因为摄影时镜头需要根据拍摄目标有针对性地进行调整，如室内拍摄单个矿物晶体时需要使用微距镜头，室外拍摄岩石剖面时需要用到广角镜头，拍摄某些不易靠近的地貌时则需要长焦镜头。对于一般的野外工作者，携带一枚中焦段变焦镜头即可。地质摄影需要具备基础的摄影技术，比如能对准焦距、控制感光度、控制快门速度等，除此之外还有一些其他要求。

拍摄照片时最好准备一定的比例尺

首先，面对一个地质现象，最好从不同角度和位置拍摄多张照片，根据情况可以拍摄近距离照片用于看清细节，远距离照片用于展示目标与周围的关系。其次，需要准备合适的比例尺，放置于目标附近，用于指示目标的大小，如有必要还可以放置白纸用于校正白平衡。再次，需要记录下拍摄点的大致经纬度，便于重访时可以很容易找到目标。拍摄完成后并不意味着工作结束，还需要对照片进行查看，核查是否存在对焦不准、曝光过度等情况。回到室内还需要对照片进行整理，必要时需要标出重点现象，比如褶皱、断层等构造，地层中突然出现的生物礁、整齐的地层中突然出现的滑塌构造等特别的地质现象。

随着科技不断发展，手机拍摄的照片质量也越来越高，如果追求便携性，手机也可作为摄影工具。另外，使用智能手机拍照时可以自动对焦、自动调整感光度、自动调整白平衡，还能记录拍摄点的位置，拍摄完成后与其他人分享也很方便。

不过需要注意的是，手机摄影依然有很多局限，比如无法胜任长焦或微距拍摄等特殊任务。由于手机厂家往往不会对手机进行特别专业的颜色管理，甚至有特殊算法对照片颜色进行微调，因此照片色彩可能存在一定的失真，相比之下还是专业的相机更具有优势。

3 标本采集

还有一种记录矿物和岩石的方法就是标本采集。标本采集的优势在于真实、准确、全面地记录了样本信息，而且能够基本完整地将目标收集起来。与动植物不同，矿物与岩石不具有生命，标本采集之后非常稳定，一般不会发生腐败或变质，容易保存，因此收藏矿物和岩石更容易一些。

不过，标本采集也有一定的劣势。有些地质现象的规模过于宏大，无法进行标本采集或者采集起来非常困难，比如一个左右两翼宽达几十厘米的褶皱，如果想完整地采集下来很可能重达几十千克。还有一些岩石难以采集，比如坚硬的花岗岩中的晶洞，不使用大型工具是很难整块采集下来的。除此之外，标本存放需要一定的空间，因此收藏的规模也会受到限制。

矿物标本与标本盒

在采集矿物与岩石标本时，因为难于开凿，因此推荐捡拾地面的碎石。如果实在没有合适的碎石，再考虑去新鲜面开凿。与人们想象的不同，开凿岩石是难度很高的活动，尽管有地质锤在手，但面对大块坚硬的岩石和平整的岩石表面，地质锤常常无能为力。如果确实需要从岩壁上开凿岩石，可以准备凿子、地质锤等工具。如果收集到的标本体积过大，可以使用地质锤的尖头或扁头轻轻修去多余部分的岩石。

需要注意的是，在地质公园、地质保护区等受保护的区域，禁止采集标本，有些地区甚至禁止带走地面的石块。请务必遵守相关规定，避免对地质景观造成破坏。

标本采集完成后最好装入标本袋中，也可以用卫生纸或报纸包好装入背包中。回到室内可以对标本进行清洗，除了化石和少数土状矿物、蒸发岩类矿物，大部分矿物与岩石都可以直接用水清洗，晾干后即可装入大小合适的盒中。可以用橡皮泥或热熔胶对标本进行固定，然后贴上标签，标本制作就完成了。

标本的大小尽量控制在 3 ~ 6 厘米，标本盒建议选择 5 ~ 8 厘米的亚克力标本盒。标本过小难以看清结构细节，而标本过大则不便于携带和存放。

怎样识别矿物与岩石

1 对比图鉴

对于初学者来说，在野外见到不认识的矿物、岩石以及地质现象是非常正常的。即使是专业的地质工作者，见到自己研究领域之外的矿物和岩石也会出现不认识或认错的情况。如果遇到不认识的地质现象，可以通过各种方式将其记录下来，随后通过对比地质方面的图鉴进行识别。图鉴中一般都会有重要的特征描述和鉴定方法，同时配有标本图片，我们可以根据这些信息进行大致判断。

2 查阅专业书籍

一般而言，地质图鉴往往不会有太多信息，或者信息不够全面，这时也可以通过查阅相关领域的书籍进一步学习。对于非专业人士，可以先大致判断其类别，是属于岩石还是矿物，或者某种地质现象，然后再查阅相关领域的教材或专业书籍，就有可能寻找到答案。一般来说，了解矿物可以查阅《结晶学与矿物学》，岩石可以查阅《岩石学》，地质构造和地貌可以查阅《构造地质学》《地貌学》。

3 利用在线资源

在线资源分为两类，一类是各种网站和数据库，比如在矿物、岩石领域非常著名的mindat（www.mindat.org）、webmineral（www.webmineral.com）等网站。另一类则是社交平台上一些相关专业的专家和爱好者，在社交平台上搜索“地质”“矿物”等关键词就可以很方便地找到他们，在此不做具体推荐。

野外观察注意事项

1 安全问题

观察矿物、岩石及地质现象经常需要前往野外，因此安全问题是最需要注意的事项，具体来讲有以下几个方面。

1.1 危险环境

野外许多场合本身具有一定的危险性，在户外活动时需要时刻注意周围环境。比如，在陡峭的崖壁下方以及两侧具有陡崖的山谷中，由于崖壁及崖壁上方的岩石可能并不牢固，因此需要注意提防崩塌的落石。如果需要进入这种环境就请尽量远离陡崖。

在植被茂密的地方，需要注意不要触摸有毒的植物或昆虫。此外，北京周边地区经常有蜂类在崖壁、树木上筑巢，它们常常具有一定的攻击性，因此在植被茂密处要时刻观察是否有蜂类巢穴，如果在必经之路上则需要尽快安静地通过。

注意野外的蜂类巢穴

在河流和水库旁边，需要注意堤岸是否稳固安全，尽量不要踩到光滑的岩石表面以防落水，行走时尽量远离河道。过小溪时注意不要踩到湿润的或有青苔附着的石头，以防崴脚甚至跌倒。

在山区的公路边活动时，要注意来往车辆，不要翻越护栏，沿着道路走动时要尽量靠边，遇到大型货车时最好及时躲避，即使目视范围内没有车辆经过也不能掉以轻心。在铁道旁活动时要注意来往的列车，一般来说经常有火车经过的铁道都有防护措施，防止人或动物进入，请不要随意翻越或者在上面行走，穿过隧道时要提防顶部落石。

在城市观察地砖时要尽量远离道路，选择一个人流量较少的位置进行观察。

1.2 地质灾害

前往野外观察时也可能遭遇地质灾害。北京地区的地质灾害主要有山洪、崩塌和泥石流，这些地质灾害基本都与强降雨有关，因此尽量不要选择在雨天前往野外。在气象局发布暴雨、地质灾害预警时严禁前往野外。

夏季山区可能会出现难以预报的短时强对流天气，因此在野外需要时刻注意天气情况。一旦遇到天色变化，如天色变暗，天空中有深灰色区域且范围增大时，就有可能是强对流天气来袭，此时请尽快向地势较高的道路、村镇撤离并寻找遮蔽物或者进入车内躲避。北京山区的村镇现在应该都建有地质灾害避险点以及撤离路线，并且还配有醒目的标志，可以跟随这些指示进行避险，待风雨停息后尽快返回城市，尽量不要回到之前的危险位置。

山体滑坡在不下雨的时候也可能发生(可能刚刚经历过强降雨)，如果突然遇到大量小石块、泥土从高处掉落，要立刻后退，这可能是崩塌发生的前兆。

1.3 个人卫生

个人卫生也是在野外观察时需要注意的问题。在野外饮食时尽量不要直接用手接触食物，如果必须接触，请先使用干净的水冲洗手部，并用消毒湿巾擦拭；不要随意采摘植物的叶片、果实及真菌并食用，以免发生受伤、过敏、食物中毒等情况；不要舔舐矿物、岩石表面。

1.4 其他安全事项

在使用地质锤敲击岩石时，为了保护眼睛和手，请尽量佩戴护目镜和手套，以避免眼睛被岩石碎片溅射而损伤，也能降低地质锤误砸到手时造成的伤害。

如果遇到森林大火，要尽快沿着逆风方向移动到公路或防火隔离带上，并尽快拨打 119 且及时撤离。

2 其他注意事项

2.1 保护公物

在城市观察建筑材料上的岩石时，不要用地质锤敲击。建筑材料是建筑的一部分，属于公共物品，不可随意破坏。在野外不要破坏台阶、界碑、里程碑、纪念碑等基础设施，也不要损坏古代石碑和墓碑。

2.2 保护动植物

地质考察过程中，如无必要尽量不要砍折树木，不要恶意捣毁动物的巢穴。秋冬季节不要携带任何火源进入林区，以防引起森林大火。

2.3 野外穿着要求

前往野外考察时并没有特别的着装要求，但为了保证不受伤，还是有几点需要注意：

①请尽量穿长衣长裤，这样既可以避免被蚊虫叮咬，被树枝、岩石棱角等尖锐物剐蹭皮肤，又可以起到防晒作用。

②服装尽量不要有太多装饰，这样可以防止挂到树枝、岩石等突出物，从而避免造成危险或损坏衣物。

③请选择鞋底较硬的鞋，以免被地面尖锐的岩石扎伤。

④尽量选择鞋跟不高的鞋，降低崴脚的风险。

⑤如果头发比较长，可以选择扎起来，这样穿梭于树丛的时候能减小阻力。

⑥冬季天气寒冷，在郊区更是如此，一定要注意关注天气预报，按照城区气温减去 5℃左右的标准来准备衣物。

长裤可以防止在穿越草丛时被各种植物扎伤或划伤

2.4 其他

①地质锤可能会被当作危险品而禁止带入地铁和火车站，无法通过安检。因此如果需要乘坐公共交通工具，请合理安排出行计划。

②冬春季节，北京周围的山林进入防火期，很可能会限制进入，请做好无法进山的准备。

③北京山区的主要河流会不定期补水，如永定河、潮河及白河，请及时关注河道水位，安排好撤退路线。

④乘坐公共交通工具前往北京远郊时，请提前查清楚发车班次及末班车的时间，许多公共交通工具每天只有 3 ~ 5 班，且定点发车。请做好时间规划，并按照计划行动，以免滞留远郊山区。

本书涉及的矿物和岩石

本书按照北京常见矿物、常见岩石、常见化石、现代沉积物、地质构造、地貌及地质现象的顺序依次介绍，具体分类如下：

常见矿物	常见岩石			常见化石	现代沉积物	地质构造	地貌及地质现象
	常见火成岩	常见沉积岩	常见变质岩				
石英	花岗岩	石灰岩	板岩	脉羊齿	砾石	岩层	石芽
玉髓	花岗斑岩	泥质条带灰岩	千枚岩	芦木	砂	水平岩层	落水洞
水晶	环斑花岗岩	纹层状灰岩	石榴子石千枚岩	轮叶	黏土	倾斜岩层	石笋
斜长石	花岗闪长岩	竹叶状灰岩	片岩	硅化木	黄土	直立岩层	钟乳石
正长石	正长花岗岩	鲕粒灰岩	片麻岩	叠层石	红土	红层	石柱
微斜长石	伟晶岩	生物礁灰岩	混合岩		土壤	褶皱	石幔
套长石	闪长岩	白云岩	石英岩		古风化壳	背形	石花
黑云母	闪长玢岩	硅质岩	大理岩		钙结壳	向形	差异风化
白云母	正长斑岩	砾岩	磁铁石英岩		洞穴泥土	节理	球状风化
普通角闪石	安山岩	角砾岩	角岩		洞穴砾石	张节理	氧化圈
普通辉石	辉绿岩	砂岩	红柱石角岩			剪节理	李泽冈环
黄铁矿	玄武岩	粉砂岩	硬绿泥石角岩			断层	树枝石
磁铁矿	镁铁质微粒包体	泥岩				正断层	
赤铁矿	浅源捕虏体	页岩				逆断层	
针铁矿	火山角砾岩	碳质泥页岩				走滑断层	
方解石	凝灰岩	煤				断层擦痕	
白云石						阶步	
蛇纹石						铅笔构造	
红柱石						石香肠	
硅灰石						缝合线	
绿泥石						方形缝合线	
黏土矿物						压力影	
						岩墙	
						岩席	
						矿脉	
						石英矿脉	
						方解石矿脉	
						气孔	
						杏仁	
						烘烤边	
						层理	
						粒序层理	
						水平层理	
						交错层理	
						板状交错层理	
						羽状交错层理	
						滑塌构造	
						波痕	
						浪成波痕	
						泥裂	
						假晶	
						结核	

北京常见的矿物和岩石

石英

分类： 架状氧化物矿物 石英族

英文名： Quartz

化学成分： SiO_2

形态特征： 无色透明，莫氏硬度7，无解理，常具有贝壳状断口。在火成岩中常呈现粒状，灰色；沉积岩中呈磨圆程度不同的砂砾形态。

实用观察信息： 石英可以出现在许多类型的岩石中。大部分情况下，石英呈他形粒状，分散于岩石中。最容易观察到石英的岩石是花岗岩，其中暗色的小颗粒就是石英。

石英是构成地壳，特别是上部地壳岩石的主要组成矿物。它的分布非常广泛，火成岩中的花岗岩、沉积岩中的砾岩和砂岩、变质岩中的石英岩等都含有大量石英，它们在北京地区的绝大多数山里能很容易地找到。除此之外，许多岩石中有大量的裂缝，这些裂缝常被矿物质填满，这些填满裂缝的矿物质主要有两种，其中一种是方解石，另一种就是石英，在“石英矿脉”一节将详细介绍这种现象。石英是一种矿产资源，可用于生产玻璃、制造单晶硅等。自形的石英晶体是一种大家熟知的半宝石——水晶，在“水晶”一节将详细介绍。

沉积岩中的石英质砾石（白色）

石英矿脉碎块

玉髓

分类：架状氧化物矿物 石英族

英文名：Chalcedony

化学成分：SiO_2

形态特征：无色，但含有其他杂质时可以呈现许多不同的颜色。莫氏硬度 6.5，隐晶质，蜡状光泽，无解理，常具有贝壳状断口。

实用观察信息：玉髓经常呈现均匀的块状或层状，比较常见的含玉髓的岩石是燧石。

燧石（隐晶质石英）

偏光显微镜下的玉髓

玉髓是隐晶质的石英，主要由直径几微米甚至更细小的石英颗粒构成。玉髓的形成往往与地下含有石英的液体有关，细小的石英颗粒一层一层地沉积在岩石表面就形成了玉髓中的层状结构。以玉髓为主要成分的矿物和岩石多呈现均匀的块状或带有条带。带有多彩条带的、品质较好的玉髓就是一种著名的宝石——玛瑙。

有一种与玉髓很相似的矿物叫作蛋白石，它也是一种以石英为主要成分的矿物，而且也是隐晶质结构。但蛋白石中还含有一定的水分，因此硬度比玉髓更低。蛋白石中的水分会随着时间慢慢消失，最后就会变成玉髓。

水晶

分类： 架状氧化物矿物 石英族

英文名： Rock crystal

化学成分： SiO_2

形态特征： 无色透明，常因含有铁质而呈红色，表面可能附生其他矿物。莫氏硬度 7，六棱柱状，玻璃光泽，无解理。

实用观察信息： 北京周围适合观察水晶的地方并不多，水晶大小也比较小。水晶常出现在晶洞或石英脉体中，可以沿着较宽的石英脉体寻找。

水晶是一种常见的半宝石。它一般无色透明，当其中含有其他离子或有特殊的晶体结构时，也会呈现其他颜色，常见的有紫色的紫水晶、粉红色的蔷薇水晶以及灰色的烟晶等。单晶水晶一般呈柱状，顶端为三棱锥或六棱锥，此外还有许多小的晶面，水晶的柱面上常有许多横向的条纹。水晶常成簇出现或垂直于脉体的边界。

石英几乎随处可见，但是形态较好、透明度较高的水晶却比较罕

无色透明的水晶晶簇

被赤铁矿覆盖的水晶晶簇

见。北京地区很难找到大规模的水晶矿脉，只有小规模的石英矿脉或小的晶洞。在野外如果见到许多白色的石英碎块，就意味着这里很可能有一条石英矿脉，可以去附近仔细寻找，其中很有可能就有相对完好的水晶。尽管这些水晶的品相可能不够完美，但发现它们也是一件充满成就感的事。

斜长石

分类： 架状硅酸盐矿物 长石族

英文名： Plagioclase

化学成分： $Na[AlSi_3O_8]$、$Ca[Al_2Si_2O_8]$

形态特征： 白色，莫氏硬度 6.5，晶体大致呈长方体，截面往往呈长方形，玻璃光泽，完全解理。

实用观察信息： 斜长石可以出现在许多种类的火成岩和变质岩中，有时候作为斑晶存在。在沉积岩中斜长石相对少见，少数情况下会以岩石碎屑出现在砾岩或砂岩中。

斜长石实际上是一类矿物的统称，在矿物分类学上称作“斜长石亚族”。它们有两个成分极端的成员，钙长石（$Ca[Al_2Si_2O_8]$）与钠长石（$Na[AlSi_3O_8]$），而其他成员的化学成分则介于这两者之间。要精确区分其中的成员非常困难，需要借助显微镜甚至 X 射线衍射仪等，因此在这里不做区分。斜长石出现在许多种岩石中，特别是在某些火成岩中，会以巨大的斑晶形态存在。

闪长玢岩中的斜长石

斜长石中有一种非常著名的种类叫作拉长石，在特定角度观察可以看到非常美丽的彩色或灰蓝色光芒，这是由于拉长石中的片状双晶发生光的干涉而形成的。

拉长石

正长石

分类：架状硅酸盐矿物 长石族

英文名：Orthoclase

化学成分：$K[AlSi_3O_8]$

形态特征：肉红色或灰白色，莫氏硬度 6，晶体大致呈长方体，截面往往呈长方形，玻璃光泽，完全解理。

实用观察信息：正长石主要出现在中性和酸性岩浆岩中，在花岗斑岩中可以看到巨大的正长石斑晶。

正长石最大的特点就是它独特的肉红色。实际上，正长石的颜色并不只有一种，从偏红的肉红色到黄色都有可能，有时也会呈现灰白色。因为明显的颜色和较高的含量，正长石某种程度上也代表了花岗岩的颜色。完全由正长石构成的岩石主要有正长岩、正长斑岩和粗面岩，其中正长斑岩相对来说最为常见，在“正长斑岩”一节我们会详细介绍这种特别的岩石。

正长石来自酸性岩浆，其中常含有钍和铀两种放射性元素，而且含量较高，虽然正长石中这两种元素本身的放射性并不强，但它们衰变后会形成放射性气体——氡。正因如此，正长石含量较高的岩石，比如花岗岩或正长岩，并不推荐用于通风不好的室内。

花岗斑岩中的正长石斑晶

花岗岩中的肉红色正长石颗粒

微斜长石

分类： 架状硅酸盐矿物 长石族

英文名： Microcline

化学成分： $K[AlSi_3O_8]$

形态特征： 与正长石相似，肉红色、白色为主，玻璃光泽。莫氏硬度 6，短柱状或板状，完全解理，常具有文象结构。

实用观察信息： 微斜长石主要出现在伟晶岩中，因此要想找到它，最好去伟晶岩脉中寻找。

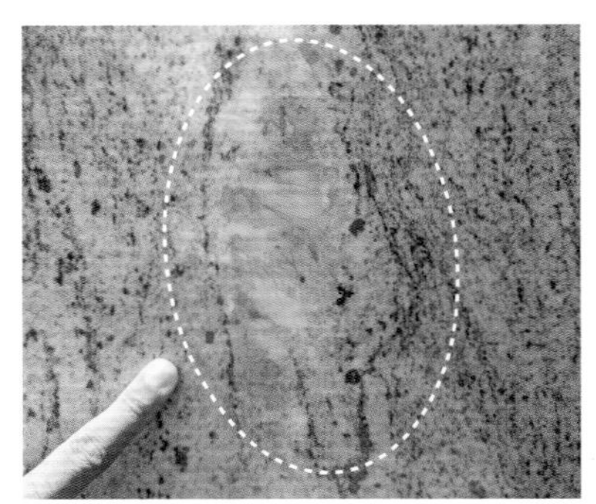
巨大的肉红色微斜长石晶体

伟晶岩脉（局部）

微斜长石在许多方面都和正长石非常相似。不过，它与正长石最关键的区别在于两组解理的角度有 0.3 度的差别，这样微小的差别通常用肉眼是无法识别的。但由于微斜长石主要出现在伟晶岩脉中，因此可以通过判断它们出现的位置来区分二者。微斜长石中常常可以见到“文象结构”，这是石英以特别的形态与微斜长石同时结晶而形成的。由于石英的形状从断面上看很像象形文字，因此得名“文象结构”。

含有铷、铯、铅等元素的微斜长石经常呈现特别的蓝绿色，这种矿物有单独的名字，叫作“天河石”。天河石在工业上可以被用来提取铷和铯这两种元素，同时它也是一种具有收藏和观赏价值的矿物标本，不过北京尚未发现天河石。

套长石

分类： 架状硅酸盐矿物 长石族

英文名： Zoning feldspar

化学成分： $Na[AlSi_3O_8]$、$Ca[Al_2Si_2O_8]$、$K[AlSi_3O_8]$

形态特征： 套长石是两种矿物的组合，即斜长石晶体外面包裹着一层钾长石，或者相反，钾长石晶体外面包裹着一层斜长石。

实用观察信息： 套长石主要出现在具有斑状或似斑状结构的侵入岩中，但想要在野外找到它们并不容易。找套长石更便捷的方法是在地砖等建材石料上寻找，有些花岗斑岩或闪长玢岩材质的地砖上就有套长石。

套长石又叫作膜长石，它并不是指一种矿物，而是指具有环带的长石。在具有斑状结构的岩浆岩中更容易发现它，因为这些岩石具有巨大的长石晶体。大块晶体是由小晶体一层一层地生长出来的，如果岩浆成分稳定，每一层新长出来的晶体的成分也是稳定的。但如果岩浆成分出现了变化，比如掺入了别的岩浆，或者温度、压力改变，新长出来的一层晶体就可能和核心晶体不一样。大多数情况下，这种差异不足以引起矿物种类的改变，斜长石还是斜长石，只是钠或钙元素含量可能会变化。而当岩浆成分变化太大时，外层晶体与核心晶体的矿物成分就不一样了，一层套一层，套长石就这样形成了。

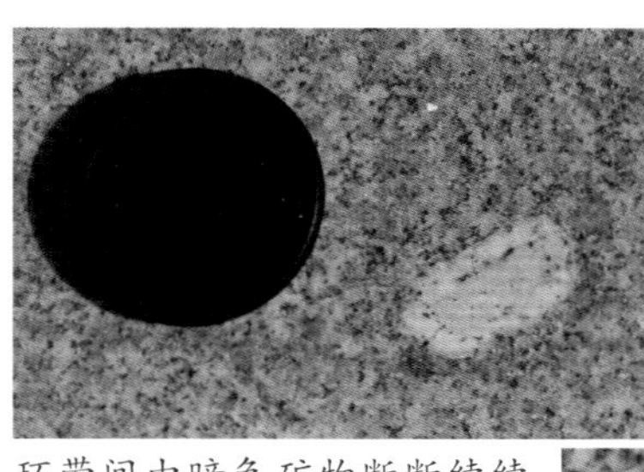

环带间由暗色矿物断断续续隔开的套长石

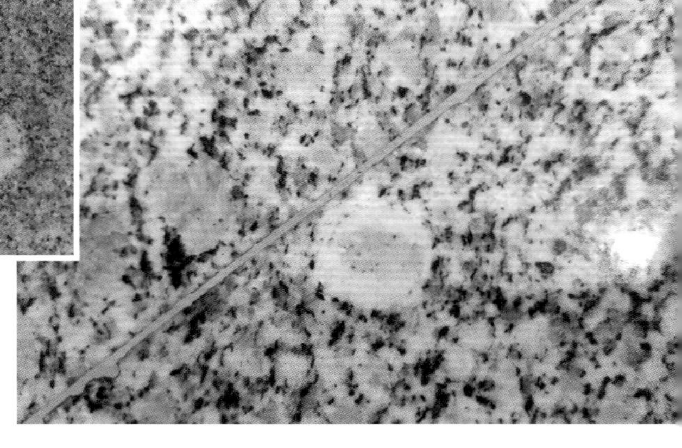

正长石核心，边缘为斜长石的套长石

黑云母

分类：层状硅酸盐矿物 云母族

英文名：Biotite

化学成分：$K\{(Mg,Fe)_3[AlSi_3O_{10}](OH)_2\}$

形态特征：黑色、深褐色，莫氏硬度 2.5，晶体呈片状，玻璃光泽，极完全解理。

实用观察信息：黑云母经常出现在中酸性火成岩和一些变质岩中。花岗岩中的黑色矿物主要是黑云母，在花岗质的伟晶岩中可以看到较大的黑云母晶体。

黑云母具有云母族非常典型的片状结构，这与它的晶体结构有关。实际上，整个云母族矿物基本都具有这样的性质。黑云母硬度很低，甚至可以用指甲刻画。黑云母薄片有一定弹性，可以弯曲，触感有点像玻璃纸，因此很难将它和坚硬的矿物或岩石联系起来。

黑云母层与层之间结合得并不紧密，可以用手直接撕开。但由于大部分黑云母比较小，所以恐怕只能用钥匙或针来刻画才能刻出小片。当遇到花岗岩或闪长岩时，不妨用钥匙在上面试一试。酸性伟晶岩中常有颗粒巨大的黑云母，如果遇到了可以试着亲手撕一下。

黑云母晶体

岩石中的黑云母晶体（黑色片状物）

白云母

分类： 层状硅酸盐矿物 云母族

英文名： Muscovite

化学成分： $K\{Al_2[AlSi_3O_{10}](OH)_2\}$

形态特征： 无色透明，其中含有杂质的白云母会呈现出淡灰色或淡绿色。莫氏硬度2.5，片状，玻璃光泽，极完全解理。

实用观察信息： 白云母常出现在花岗岩及伟晶岩中，在泥质变质岩中也很常见，比如在千枚岩、片岩中。但完整的白云母晶体却比较罕见。

岩石中的白云母晶体

单个白云母晶体

白云母也具有云母族共有的特点——拥有一组极完全解理。它的硬度很低，并且沿着解理面可以轻而易举地撕开。白云母也具有一定的弹性，薄的白云母片看上去就像透明塑料纸。此外，在千枚岩、片岩等泥质变质岩中，常常可以看到其特定方向对光有比较强的反射，看起来宛如丝绢一般，这其实就是沿着层理分布的大量细微的绢云母或白云母。

白云母有较好的绝缘性，在电气工业上有广泛的用途，超细的白云母粉则可以用于制作化妆品。此外，大量白云母的存在可能意味着这里热液活动强烈，有其他矿产存在的可能性。

普通角闪石

分类： 链状硅酸盐矿物 角闪石族

英文名： Hornblende

化学成分： $NaCa_2(Mg,Fe)_4(Al,Fe^{3+})[(Si,Al)_4O_{11}]_2(OH)_2$

形态特征： 深绿色到黑色，莫氏硬度 5 ~ 6，两组完全解理，夹角为 124°，在火成岩中常呈柱状、菱形粒状。

实用观察信息： 普通角闪石广泛分布在中性、中酸性岩浆岩以及角闪岩、片麻岩等变质岩中。其中，闪长岩中大部分暗色矿物都是普通角闪石。

角闪石是一个庞大的家族，目前已经发现的角闪石族矿物超过 100 种，普通角闪石则是其中最常见的一种矿物。角闪石分布广泛，无论是在岩浆岩还是在变质岩中都很容易看到。不过在地表环境下，角闪石很容易风化蚀变，因此在沉积岩中几乎看不到角闪石。

角闪石与另一种矿物——辉石——很相似，两者呈黑色或黑绿色，也都有两组解理，而且常出现在岩浆岩和变质岩中。由于角闪石的晶体结构主要是由两条硅酸盐骨架组成，而辉石只有一条，所以辉石的解理夹角接近 90° ，且常常呈短柱状，而角闪石则呈较长的柱状，这便是区分二者最重要的方法。

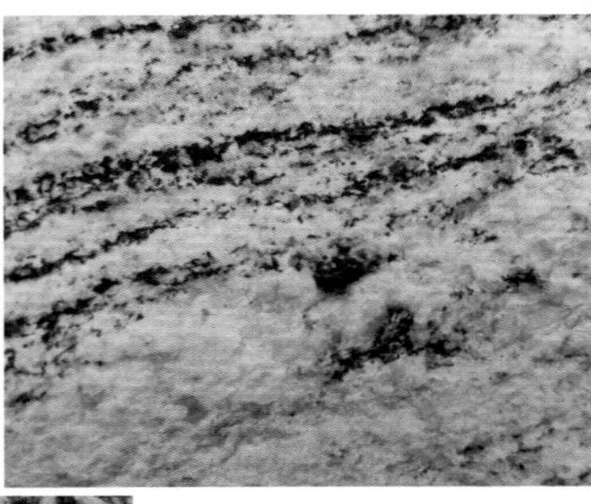

混合岩中的角闪石（黑色）

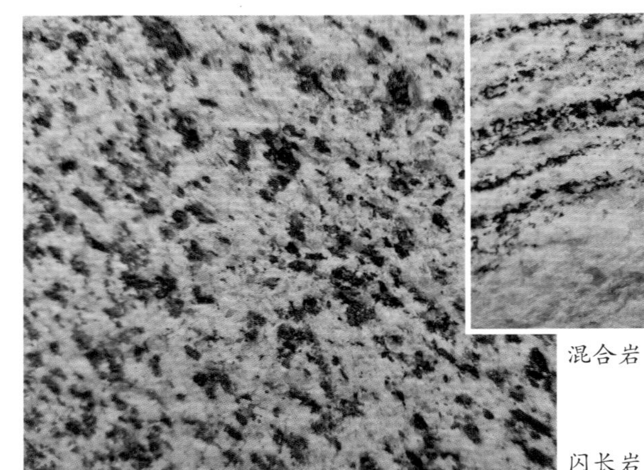

闪长岩中的角闪石（黑色）

普通辉石

分类： 链状硅酸盐矿物 辉石族

英文名： Augite

化学成分： $Ca(Mg,Fe^{2+},Fe^{3+},Ti,Al)[(Si,Al)_2O_6]$

形态特征： 灰褐色到黑色，莫氏硬度 5.5 ~ 6，两组完全解理，夹角为 87°，在火成岩中常呈短柱状。

实用观察信息： 普通辉石出现在基性岩浆岩中，常常与橄榄石等镁铁质矿物共生；也常出现在变质岩中。

辉石也是一个庞大的家族，普通辉石由于解理发育，硬度较低且颜色较深，一般不会被视为宝石，只有少数晶体完好的普通辉石可以成为有一定价值的矿物标本。辉石家族中有一个非常著名的成员叫作硬玉，隐晶质的硬玉就是我们常说的翡翠。

岩石中的辉石晶体常呈粒状或短柱状，与柱状的角闪石差别明显。辉石经常出现在颜色较深的基性岩中，角闪石经常出现在中酸性岩中，因此也可以通过对比岩石类型对两者简单区分。尽管这两种方法不如直接观察辉石和角闪石的解理夹角那样准确，但在野外调查中相当实用。

玄武岩中的辉石

辉长岩中的辉石

黄铁矿

分类：硫化物矿物 黄铁矿—白铁矿族

英文名：Pyrite

化学成分：$Fe[S_2]$

形态特征：浅黄色，有强金属光泽，不透明，无解理，莫氏硬度6～6.5，断口为参差状，自形晶体呈立方体，常以粒状或块状集合体存在于岩石中。

实用观察信息：黄铁矿常出现在各种硫化物的矿床中或者各种缺氧环境下形成的沉积岩中。

黄铁矿是一种非常常见的矿物，经常出现在各种硫化物矿床中。不过，北京地区很少有这种类型的矿床，因此想要在北京周围找到黄铁矿就需要另辟蹊径。在缺乏氧气的环境中，黄铁矿会自发形成，因此在粉砂岩、泥岩以及某些灰岩中都有可能找到黄铁矿。在北京

黄铁矿晶体

花岗岩中的黄铁矿颗粒

门头沟区下苇甸某些地层中就有一些不规则的黄铁矿出现。

许多沉积岩中的黄铁矿暴露到地面以后，很快就会被空气中的氧气风化，形成赤铁矿或褐铁矿。在一些刚刚剥落的山体剖面，比如公路边，还是有可能看到没有被风化的黄铁矿的。由于黄铁矿被氧化成其他矿物时，原先的立方体晶体外形仍然有所保留，而赤铁矿及针铁矿都不会自己形成这种形状的晶体，因此可以凭借这点判断原先的矿物是否是黄铁矿。当黄铁矿被风化殆尽时，岩石中就会出现一个形状接近正方体的空洞。

磁铁矿

分类：氧化物矿物 尖晶石族

英文名：Magnetite

化学成分：$Fe^{2+}Fe_2^{3+}O_4$

形态特征：黑色，金属光泽，莫氏硬度6，无解理，单晶为八面体晶型，也经常以粒状集合体出现。

实用观察信息：磁铁矿主要出现在岩浆岩、变质岩中，经常以次要矿物或副矿物的形式出现，含量较低，不易被发现。但因为磁铁矿具有磁性，因此可以在山涧溪流的砂砾中用磁铁寻找。

说起磁铁矿，人们很容易想到磁铁。其实，人们最初认识磁性就来自天然且具有磁性的磁铁矿。在中国古代，人们以“慈石”称呼具有磁性的天然岩石或矿物。不过，现在使用的各种磁铁已经不是天然的磁铁矿矿石了，而是由铁磁性金属或者掺杂了稀土的铁制作而成的。

磁铁石英岩中的磁铁矿（黑色细颗粒）

磁铁石英岩中的磁铁矿（黑色细颗粒）

磁铁矿并不罕见，可以出现在多种岩浆岩和变质岩中，比如有一类花岗岩叫作 A 型花岗岩，它来自地幔与地壳的相互作用，磁铁矿就经常以副矿物的形式出现在其中。不过，这些矿物的颗粒一般非常小，不易发现，而且很容易与其他暗色矿物混淆。虽然寻找岩石中的磁铁矿比较困难，但可以使用一种特别的方法在山涧溪流的砂砾中寻找，那就是使用磁铁。利用磁铁在河床上来回搜索，能从砂砾中吸上来的黑色矿物很可能就是磁铁矿。由于磁铁矿密度大，单独出现又具有磁性，所以经常在河流上游堆积。北京地区有一种特殊的岩石叫作磁铁石英岩，其中黑色的颗粒就是磁铁矿。

赤铁矿

分类： 氧化物矿物 刚玉族

英文名： Hematite

化学成分： Fe_2O_3

形态特征： 显晶质为黑色，金属光泽，呈片状；隐晶质为红色，土状光泽，呈粒状或层状。条痕色为樱红色，无解理。

实用观察信息： 赤铁矿可以形成于各种地质条件下，不过最常见的还是在红色的风化壳中。除了风化壳外，北京北部偶尔可以见到一种含铁量非常高的岩石——磁铁石英岩，其中就有许多磁铁矿被氧化成了赤铁矿。

赤铁矿以其特别的红色而著称，在古代常被作为红色颜料使用，称之为“赭石”，实际上就是赤铁矿的土状集合体。晶体形态的赤铁矿有许多不同的外形，并且都有着独特的名字。比如，赤铁矿可以像沉积岩那样一层一层地沉积下来；也可以形成类似于叠层石的

肾状赤铁矿（宣龙式赤铁矿）

富含赤铁矿的红色泥土

“肾状赤铁矿”; 还会通过岩浆作用，形成片状的泛着金属光泽的形态，这种形态的赤铁矿被称为“镜铁矿”。结晶的赤铁矿都带有黑色金属光泽，但条痕依旧是樱红色的。结晶状态的赤铁矿形成于热液作用，相对少见。更多情况下，赤铁矿会分散出现在沉积岩或风化壳中，将周围的岩石与土壤染成鲜红的颜色。

在北京房山区周口店发现的古人类遗址中，人们发现了古人类的尸骸旁围绕着一圈赤铁矿粉末，这也被认为是古人类有祭祀活动的证据之一。但实际上在北京地区，特别是周口店附近，是没有赤铁矿矿床的。人们推断这些赤铁矿可能有两种来源，一种可能是来自附近古老的风化壳，另一种可能是来自遥远的宣化一带的赤铁矿矿床，因为那里有著名的宣龙式赤铁矿，这是一种几乎完全由赤铁矿组成的岩石。不过，关于这个问题至今也没有定论。

针铁矿

分类： 链状氢氧化物矿物 硬水铝石族

英文名： Goethite

化学成分： FeO(OH)

形态特征： 黄褐色、红褐色，条痕呈黄褐色，基本看不到单个晶体，常呈土状集合体。

实用观察信息： 针铁矿主要形成于含铁矿物的水解和氧化过程中，是“褐铁矿”的主要成分，可见于风化壳、遭受风化作用的含铁矿物周围以及岩石的氧化圈中。

在一些地质学或者矿物学的书籍上，经常会看到“褐铁矿”这种矿物。实际上褐铁矿并不是一种有固定成分的矿物，而是由多种不同的矿物组成。针铁矿是褐铁矿的主要组成矿物。从成分上看，它可以被看作“含水的赤铁矿”，即 $Fe_2O_3 \cdot H_2O$。针铁矿与赤铁矿最大的区别在于颜色，赤铁矿常呈鲜艳的红色，而针铁矿（褐铁矿）则为黄褐色。

针铁矿是风化壳的主要组成矿物之一，同时也是铁锈的主要成分之一。在潮湿环境中，岩石中的含铁矿物受化学风化作用，被氧化成三价铁，最终形成各种含水的铁氧化物或氢氧化铁。在风化强烈的岩石中，富含铁质的暗色矿物经常会把周围的斜长石和石英染上铁锈色，在许多岩石中都可以看到黄褐色氧化圈，这些现象都与针铁矿有关。

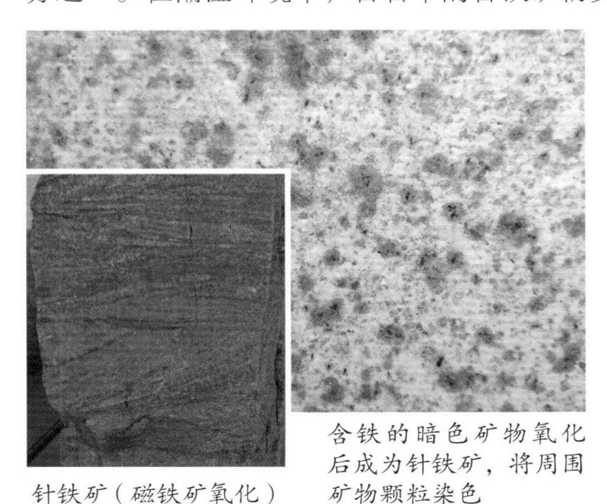

针铁矿（磁铁矿氧化）

含铁的暗色矿物氧化后成为针铁矿，将周围矿物颗粒染色

红柱石晶体横截面，呈四边形

在北京房山区周口店东侧的太平山上，由于受到北侧的房山岩体影响，山上的泥质岩发生了不同程度的变质，有些岩石就变成了红柱石角岩。这些红柱石角岩中含有大量的红柱石晶体，而且越靠近岩体，其中的晶体直径就越大，个数就越少。红柱石由于不可燃、熔点较高，而且隔热性好，因此是一种耐火材料。不过，周口店地区的红柱石储量很少，并没有被开采。

硅灰石

分类： 链状硅酸盐矿物 硅灰石族

英文名： Wollastonite

化学成分： $Ca_3[Si_3O_9]$

形态特征： 白色为主，玻璃光泽，解理面呈现珍珠光泽，单个晶体呈板状，常见纤维状、放射状集合体。莫氏硬度 4.5 ~ 5.5，一组完全解理。

实用观察信息： 硅灰石一般由灰岩与富含二氧化硅的流体反应形成。在靠近深成侵入岩的灰岩地层中常可看到主要成分为硅灰石的条带。

硅灰石的形成与变质作用有关。它的形成过程也像做菜一样，只要凑够了原料——含钙的矿物和二氧化硅，在一定的温度和压力下就会形成。常见的钙含量比较高的岩石是灰岩，而常见的富含二氧化硅的流体是花岗岩岩浆以及硅质热液，因此在巨大的花岗岩岩体附近的灰岩地层中，就经常出现硅灰石条带。这些硅灰石条带长

束状硅灰石晶体

硅灰石

得很像灰岩中常见的方解石脉体，但仔细观察就会发现，其中的矿物不是一块一块的方解石，而是一束一束放射状的白色矿物，那就是硅灰石。此外，有些砂岩本身就含有一些钙质矿物，它们在变质的过程中，会和自己发生反应，最后也可以形成硅灰石。

硅灰石的形态有点类似另一种经常出现在变质岩中的矿物——矽线石，但矽线石经常与富含铝的岩石出现在一起，因此在缺乏铝元素的灰岩中是不会形成矽线石的。

绿泥石

分类：层状硅酸盐矿物 绿泥石族

英文名：Chlorite

化学成分：$(Mg,Fe^{2+},Fe^{3+},Al)_6[(Si,Al)_4O_{10}](OH)_8$

形态特征：浅绿色、黑绿色为主，晶体很少见，常呈土状集合体，莫氏硬度 2 ～ 2.5。

实用观察信息：绿泥石分布非常广泛，但经常分散在岩石中，因此很难看到单个晶体。

绿泥石是一大类矿物的统称，它们有着相似的结构：其中都含有一定数量的氢氧根，只是在金属阳离子的组成和比例上有一定差别。不过，这种差别对绿泥石的外形影响很小，只能借助化学分析才能区分，因此在这里不做讨论。绿泥石很常见，许多泛着绿色的岩石，它们的颜色都与绿泥石有关。

绿泥石的形成经常与辉石、角闪石等镁、铁元素含量比较高的矿物有关。岩浆岩中的节理常常是地下流体的通道，因此在节理附近会生成很多与流体有关的矿物，比如绿泥石。在富含镁、铁的岩石受到一定的温度和压力后，岩石中也会出现绿泥石。

花岗闪长岩节理面上的绿泥石

北京房山区周口店东部的太平山南坡就有硬绿泥石角岩，如果敲开一个新鲜的断面，可以隐约看到细颗粒的绿泥石。在房山岩体东北部，岩石中大量的节理面随着开采逐渐显露，其中的暗色矿物呈现出深浅不一的翠绿色，这其实就是黑云母等矿物被蚀变后形成的绿泥石。

硬绿泥石角岩中的绿泥石

黏土矿物

分类： 层状硅酸盐矿物

英文名： Clay minerals

化学成分： 许多矿物的合称，无固定成分

形态特征： 纯净者多为白色，含有杂质时可呈其他颜色。呈土状集合体，硬度较低，可以用手捏碎，常具有吸湿性。

实用观察信息： 黏土矿物是一个大类，是土壤、泥以及泥岩等的主要组成矿物。部分种类的黏土矿物可以在岩浆岩的风化壳上找到。

黏土矿物指的是颗粒直径小于 2 微米的层状硅酸盐矿物，它们是土壤的主要组成成分。黏土矿物种类众多且都有着复杂的化学成分。由于它们的微观结构是一层一层的，层与层之间的空间很容易吸附各种金属离子和水，因此都具有比较强的吸附性。硅酸盐矿物在地表经过不断风化或者与高温流体反应形成黏土矿物，特别是在铝含量较高的矿物中，比如正长石、斜长石等。在野外，有时能看到山上有一小片区域突然出现了白色的黏土，这就是曾经的岩墙被

细腻呈土状的黏土矿物（高岭石）

完全化为黏土矿物的岩脉

风化或者热液蚀变后形成的黏土矿物。在北京房山区周口店太平山北坡，有很多岩墙都已经被强烈改造，几乎完全变成了黏土矿物。

比较著名的黏土矿物有高岭石和蒙脱石，这两种矿物都是制作陶瓷的原材料，在工业方面也有非常多的用途，其中蒙脱石提纯后还可作为治疗腹泻的药品。

花岗岩

分类： 酸性岩 深成侵入岩

英文名： Granite

主要矿物： 斜长石、正长石、石英、黑云母

形态特征： 浅黄色为主。矿物结晶较好，呈粒状，颗粒大小一般在1～10毫米，浅色矿物为主，暗色矿物少见。

实用观察信息： 花岗岩是一种侵入岩，主要出现在各种酸性岩岩体中。北京地区的花岗岩侵入体主要出现在房山区的燕山地区，海淀区的阳坊地区，延庆区的八达岭，怀柔区的凤驼梁、云蒙山以及喇叭沟门一带。

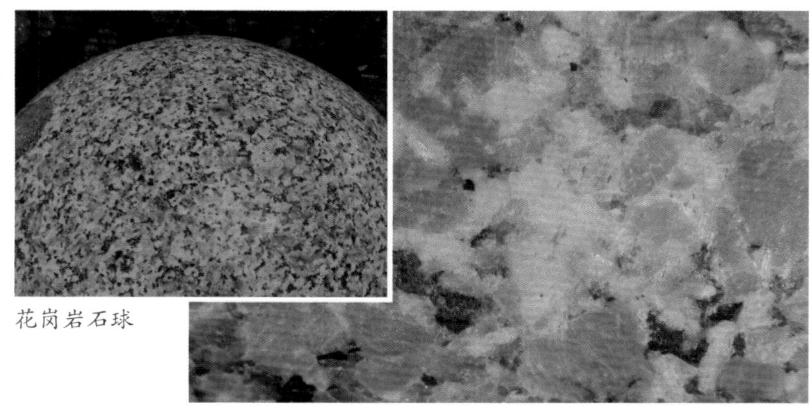

花岗岩石球

花岗岩的矿物组成：斜长石、正长石、石英、黑云母

花岗岩非常常见，主要由斜长石、正长石、石英以及黑云母组成。它是一种深成侵入岩，由于结晶速度较慢，因此各种矿物均有充足的时间生长出较大的晶体。花岗岩中浅色矿物较多，由于含有一定的正长石，因而常常呈现出浅黄色。由于质地均匀，花岗岩经常被风化成比较圆润的球状，也因此成为一种标志性的地貌，以北京海淀区的白虎涧景区最为典型。

花岗岩质地均匀，硬度较高且外形美观，因此常常被作为建筑材料使用。花岗岩也是地砖中比较常见的材质之一。

花岗斑岩

分类： 酸性岩 浅成侵入岩

英文名： Granite porphyry

主要矿物： 正长石、斜长石、石英、黑云母

形态特征： 浅黄色、肉红色为主。矿物结晶较好，因此在其中可以看到相对较大的正长石斑晶，直径在1厘米左右。

实用观察信息： 花岗斑岩在野外并不常见，不过它经常被作为铺路的地板，因此可以通过观察脚下的路面来寻找。

花岗斑岩的矿物成分与花岗岩基本一致。这种岩石最大的特点就是可以看到其中有巨大的正长石晶体，而其他矿物晶体则很小。花岗斑岩是一种浅成侵入岩，由于形成深度比较浅，冷却速度很快，因此其中的晶体直径比较小。而正长石斑晶诞生于地下较深处，当它们结晶完成后被带到比较浅的位置，这时其他的矿物才开始结晶，于是就形成了这样特别的结构。

与花岗岩一样，花岗斑岩也经常被作为一种石材使用，特别是建筑物的地砖，因此在城市中反倒更容易看到。新铺的花岗斑岩材质的地砖在阳光比较好的时候经常可以看到上面一闪一闪的，那正是正长石斑晶反光强烈的解理面。

花岗斑岩，可见巨大的肉红色正长石斑晶

花岗斑岩地砖

环斑花岗岩

分类： 酸性岩 深成侵入岩

英文名： Rapakivi granite

主要矿物： 正长石、斜长石、石英

形态特征： 灰白色，似斑状结构，块状构造，含有大量颗粒巨大的球形斑晶。

实用观察信息： 环斑花岗岩在北京地区只出现在密云区东部的沙厂村周边地区。

环斑花岗岩是一种比较少见的花岗岩。这种岩石最初发现于芬兰南部，1891 年一位芬兰地质学家第一次在地质学论文中提到了环斑花岗岩。它最大的特点就是岩石内部含有巨大的钾长石斑晶，在钾长石斑晶外又生长出一圈斜长石。环斑花岗岩中的斑晶呈圆形或

呈球状的长石晶体（尺子右上方）

镁铁质微粒包体，内部晶体明显小于周围的花岗闪长岩

浆房时，与正在形成花岗岩的长英质岩浆相遇，由于二者黏度差距太大，无法互相融合，因此只能独自凝固。这些基性岩浆熔点比较高，在温度较低的花岗岩中冷却得很快。快速冷却导致它们无法形成大颗粒的矿物晶体，只能以细粒或微粒形态出现。颗粒略大一点的看上去像充满麻点的黑球，而颗粒更小的隐晶质包体看上去就像一团纯粹的黑斑。它们一般呈圆形或近似圆形，基本没有棱角。如果周围的岩浆在缓慢流动，那么其中的包体也会跟着变形，由球形变成椭球形，出现在表面就是椭圆形或纺锤形了。

浅源捕虏体

分类：岩石包体

英文名：Epixenolith

主要矿物：不定，与岩体周围的岩石有关

形态特征：常呈碎块状，形态不定。

实用观察信息：浅源捕虏体出现在花岗岩岩体周围靠近岩石的位置。

当大量的花岗岩岩浆从地下深处往上涌，不断挤压、占据周围岩石的时候，会有一些岩石碎块不可避免地掉到还未完全凝固的岩浆中。由于岩浆密度与碎石相差不大，而且花岗岩岩浆的黏度非常大，因此这些碎块不会移动太远，而是停留在靠近侵入体边缘的部分。这些岩石碎块能大致保留它们的外形，并最终随着花岗岩岩浆一起凝固，这就是浅源捕虏体。它们可以是任何种类的岩石，但最常见的还是各种沉积岩。不过在掉入岩浆后，由于周围温度非常高，因此它们不可避免地会发生一定的变质作用，成为变质岩。

由于浅源捕虏体是周围岩石破裂之后的碎片，因此它们的形态常常不规则，呈棱角分明的碎块状。在岩体周围的地层中，一定可以找这些捕虏体的原岩。

浅源捕虏体，推测原岩可能为灰岩

直径近1米的大块捕虏体

火山角砾岩

分类： 火山碎屑岩

英文名： Volcanic breccia

主要矿物： 石英、斜长石、火山岩碎块

形态特征： 整体呈灰绿色、灰红色或暗紫色，其中可看到大量块状物。

实用观察信息： 在北京，火山角砾岩主要出现在门头沟区西部的百花山、斋堂、清水尖一带。

火山角砾岩，浅色为角砾

棱角分明的角砾（绿色部分）

火山喷出的物质中，除了细颗粒的火山灰之外，还有许多巨大的石块。这些石块有些是在空中冷却的岩浆，有些是被火山喷发炸碎的岩石。在靠近火山的地方，这些个头比较大的石块与火山灰堆积在一起，就形成了火山角砾岩。由于基本不存在长距离的搬运过程，火山角砾岩中的颗粒常常边缘粗糙，棱角分明，这也是其被称作“角砾”的原因。当然，火山岩也可以经过长距离的搬运，形成砾石，这些砾石如果形成岩石，就属于砾岩，而与火山的关系不大了。

火山角砾岩中的碎屑物的直径在256毫米以下。当岩石中的主要颗粒物直径大于这个数值时，它就成了另一种岩石——火山集块岩。因此，地质学家通过研究大范围内火山碎屑物的大小，就能推测出古火山口的大致位置。

凝灰岩

分类： 火山碎屑岩

英文名： Tuff

主要矿物： 不定，主要包括岩石碎屑、矿物碎屑、火山玻璃碎屑

形态特征： 整体呈灰色或灰红色，外形类似泥岩或粉砂岩。

实用观察信息： 北京地区的侏罗纪和白垩纪时期有大量的火山喷发，因此在这两个时期的地层中常有许多凝灰岩，主要出现在门头沟区。

凝灰岩,从字面意思上看是指凝结在一起的火山灰形成的岩石。火山喷发出的物质总会以各种方式重回地面，即使是火山灰这样的细颗粒物也是如此。在重力、风以及流水等力量的作用下，火山喷出的各种颗粒物会一层一层地在地势较低处堆积。层层堆积的颗粒物最终固结形成岩石，这就是凝灰岩。凝灰岩的主要成分是各种不同大小的火山喷出物，包括岩石碎屑、矿物碎屑以及火山玻璃碎屑等，种类多样。构成凝灰岩的颗粒整体上比较细小，主要以直径小于 2 毫米的颗粒为主，其中偶尔也会出现石英颗粒，甚至小块砾石。由于形成于激烈的火山爆发过程，所以构成凝灰岩的颗粒常常棱角分明。

凝灰岩

凝灰岩，可以看到晶体碎片（白色颗粒）

在一亿多年前的侏罗纪和白垩纪时期，北京地区有过很长一段时间的火山活动，同时一个个火山之间也形成了小盆地，而大量的火山灰就堆积在这些地方。门头沟区西部的斋堂、百花山和东部的九龙山到香山一带都有大量的火山沉积岩，其中就有许多凝灰岩。

石灰岩

分类： 化学沉积岩 碳酸盐岩

英文名： Limestone

主要矿物： 方解石

形态特征： 黑色、灰色、白色为主，当含有特殊颜色的矿物时，如赤铁矿，可以呈现其他颜色。露在地面的石灰岩常因化学溶蚀作用呈现较为圆润的形态。

实用观察信息： 北京地区的石灰岩主要集中在寒武系和奥陶系地层中，这些地层主要集中在门头沟区的东部山区、房山区的中部和南部山区以及昌平城区北侧的山区中。

石灰岩是一种非常常见的岩石，常被简称为“灰岩”，它的外表非常符合人们意识中“石头”的模样——灰色、外表圆润而粗糙、常见。石灰岩是一种沉积岩，所以经常以厚薄不一的层状形态产出。它的主要成分是方解石，这是一种很容易被酸溶解的矿物，就连雨水也会缓慢地将石灰岩溶解。因此，石灰岩较多的地区常形成各种岩溶地貌，比如溶洞、地下河、天坑等。北京纬度较高，气候相对

石灰岩，新鲜面呈灰色，黄色为泥质条带

石灰岩崖壁

寒冷干燥，因此岩溶地貌发育缓慢。尽管如此，还是有许多溶洞出现在北京，门头沟区、房山区、平谷区等地都有不少溶洞。

此外，纯净的石灰岩也是一种矿产资源，可以用来生产石灰和水泥，因此北京周边有石灰岩出现的地方都曾经经历过大规模的开采，并且留下了许多巨大的采石场。尽管现在大部分采石场都已经关闭，但是采石场遗迹还是很容易见到的，在这些地方可以很好地观察石灰岩，甚至还可能找到一些小规模的溶洞。

泥质条带灰岩

分类： 化学沉积岩 碳酸盐岩

英文名： Argillaceous zebra limestone

主要矿物： 方解石、黏土矿物

形态特征： 灰色、灰黄色为主。岩石风化面上，泥质含量较高的薄层往往颜色更黄，且相对突出。

实用观察信息： 有灰岩出现的地层都有可能会出现泥质条带灰岩，可以在灰岩分布区沿地层寻找。

泥质条带灰岩

泥质条带灰岩（泥质较多）

泥质条带灰岩是一种石灰岩，泥质灰岩与纯灰岩一层一层相互重叠，就形成了泥质条带灰岩。泥质灰岩因为含有黏土矿物，往往颜色更浅，纯灰岩则颜色更深一些，但这样的差别在未经风化的新鲜面上并不一定很明显。化学风化作用使得岩石中的方解石流失，泥质灰岩中的黏土矿物就会保存下来，使得岩石的颜色偏黄，甚至可以呈现土黄色。纯灰岩层因为风化更严重，就成了相对凹陷的区域，所以泥质条带灰岩表面很像斑马身体上的斑纹。

泥质条带灰岩的出现意味着这里曾经出现过海平面的频繁升降。在海平面较高的时期，这里远离河流的入海口，泥沙也就更难到达，因此可以沉淀出比较纯净的灰岩；在海平面较低的时期，这里距离陆地更近，海水中的泥沙更多，因此就形成含泥量比较高的泥质灰岩。地质学家据此就可以推断出这里曾经的地质环境。

纹层状灰岩

分类：化学沉积岩 碳酸盐岩

英文名：Laminar limestone

主要矿物：方解石

形态特征：灰色、灰白色为主，由许许多多非常细的纹层构成。

实用观察信息：有灰岩出现的地层就有可能遇到纹层状灰岩，很多地区都有分布。

纹层状灰岩是一种石灰岩，它的主要成分也是方解石。与一般的灰岩相比，纹层状灰岩最明显的特点就是具有非常细的纹层，纹层的厚度一般在毫米以下，许许多多纹层密集地堆积在一起，就像千层饼或纸片一样。与泥质条带灰岩类似，纹层状灰岩也含有泥质相对较多的层，只不过层的厚度更薄一些。

纹层状灰岩形成于远离陆地的环境，在这种环境里来自大陆的沉积物比较少，全靠海水自身沉淀出方解石，因此每一层厚度都比较薄。尽管看上去有点像页岩，但是纹层状灰岩的细层无法分开。

纹层状白云岩的细纹，纹层状灰岩的与之类似

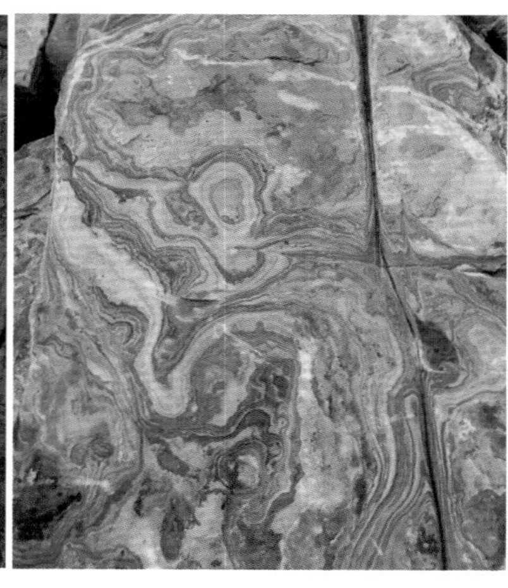

因表面被不均匀地磨蚀而产生了类似等高线纹路的纹层状灰岩

竹叶状灰岩

分类： 化学沉积岩 碳酸盐岩

英文名： Flat-pebble conglomerates

主要矿物： 方解石

形态特征： 灰色、灰白色为主。岩石中可见大量长椭圆形石灰质砾石，部分岩石可见黄褐色、红色、红褐色或紫红色的氧化圈。砾石杂乱排列，或像竹叶一样呈放射状排列。

实用观察信息： 有灰岩出现的地层就有可能会出现竹叶状灰岩，北京门头沟区下苇甸一带的寒武系灰岩地层中有较多分布。

竹叶状灰岩是一种石灰岩，它的主要成分与其他灰岩一样，都是方解石。竹叶状灰岩最大的特点是有特别的竹叶状构造，这种构造由许多杂乱分布或者呈放射状堆积的长条状砾石组成。这些砾石与砾岩中的砾石不一样：砾岩中的砾石来自岩石风化，竹叶状灰岩的砾石则来自被海浪“搓”成条状的石灰质软泥，后来经过压实和固结形成岩石。有些竹叶状灰岩中的铁质被氧化成了红色的氧化铁，因此其中的“竹叶”有红色、红褐色或紫红色的氧化圈。

带有紫红色氧化圈的竹叶状灰岩

竹叶状灰岩层（中部靠左的白色岩层）

一直以来，竹叶状灰岩都被认为与风暴有关。但最近也有少部分研究人员认为，竹叶状灰岩中经常出现垂直于层面的砾石，这也许不能用风暴作用解释，他们提出了许多不同的解释，比如海底地震使得不稳定的沉积物在压力作用下形成“喷泉”，将没有完全固结的沉积物打碎而形成“竹叶”。

鲕粒灰岩

分类：化学沉积岩 碳酸盐岩

英文名：Oolitic limestone

主要矿物：方解石

形态特征：灰色为主，含有杂质时可以呈现其他颜色。岩石表面可见大量鲕粒，这是其主要特征。

实用观察信息：有灰岩出现的地层都有可能会出现鲕粒灰岩，北京地区的张夏组（中寒武世晚期华北地台地层，以灰色厚层鲕状灰岩为主）中鲕粒灰岩非常常见，最好的观察点在门头沟区的下苇甸村附近。

鲕粒灰岩是石灰岩中的一种，主要矿物组成与石灰岩相同。作为一种沉积岩，鲕粒灰岩也主要呈层状，但岩石内部几乎不分层。鲕粒灰岩最大的特点是其中分布着大量的鲕粒，鲕粒呈同心环状结构，粗看起来像是鱼子一样，因此得名“鲕粒”。实际上，鲕粒完全由无机作用形成，和鱼子没有关系，并不是鱼子的化石。鲕粒由核心和外面一层一层的包壳组成，它们的大小一般在 0.5 ~ 2 毫米。

鲕粒粗看上去像砂砾，它的形成环境其实也和砂砾有点接近。鲕粒形成于动荡的水体中，来回晃动的海水把其核心扬起，这些核心上很快就沉淀出一层方解石，如此循环往复，鲕粒便慢慢变大。

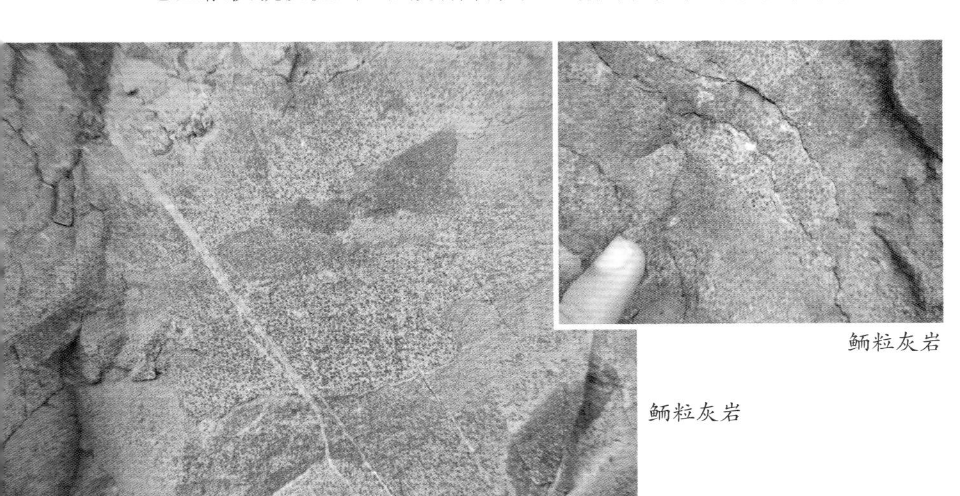

鲕粒灰岩

鲕粒灰岩

生物礁灰岩

分类： 化学沉积岩 碳酸盐岩

英文名： Reef limestone

主要矿物： 方解石

形态特征： 灰色、灰白色为主。岩石中可以看到一些类似叠层石的构造，但整体上比较杂乱无章。

实用观察信息： 生物礁灰岩出现的范围比较小，目前北京比较著名的观察点在门头沟区下苇甸村附近的铁道旁。

生物礁灰岩内部的叠层石

地层中的生物礁（浅色馒头状物体）

生物礁灰岩是一种与生物有关的灰岩。它们并不是层状的，而是呈半圆形或不规则的小山丘状，高出地面 1 米左右，有些比较巨大的生物礁可以高达 2 ~ 3 米。生物礁内部一般比较杂乱，大致呈层状，局部可以看到像叠层石一样的构造。生物礁与周围的灰岩地层界线分明，礁体与礁体之间的距离并不远，有些甚至紧紧挨在一起。在北京门头沟区下苇甸村附近铁道旁的崖壁上，可以看到生物礁。它们在地层中十分显眼，而且常常连续出现。

说起生物礁，大家很容易想到澳大利亚东部的大堡礁。实际上，地质历史上生物堆积形成的礁体一直存在，只不过制造生物礁的生物并不只是珊瑚虫，藻类、蓝细菌等生物都可以形成生物礁。

白云岩

分类：化学沉积岩 碳酸盐岩

英文名：Dolostone

主要矿物：白云石

形态特征：白色为主，当含有一些杂质时可以呈现其他颜色。露在地面的白云岩常因化学溶蚀作用出现“刀砍纹”。

实用观察信息：北京地区的白云岩主要集中在中上元古界地层中，这些地层主要集中在门头沟区的东部山区、房山区的中部和南部山区以及昌平城区北侧的山区中，在顺义区东部和密云区北部也有分布。

白云岩与灰岩同属碳酸盐岩，是碳酸盐岩中最常见的两种岩石。白云岩是一种沉积岩，常常以厚薄不一的层状形态产出。与灰岩不同，白云岩的主要成分是白云石，它的抗风化能力要强于方解石，因此白云岩地区很少出现岩溶地貌。白云岩只有在其内部存在破裂的地方才容易出现明显的溶蚀，从而形成各种平直而杂乱的深沟，这就是“刀砍纹”现象。与灰岩类似，白云岩虽然是由单一矿物组成的，但是其中的矿物颗粒非常细小，很难直接用肉眼看到白云石晶体。

白云岩中的刀砍纹（由剪节理风化加宽而成）

白云岩

白云岩虽然常见，但它的形成原理一直是个谜团。地质学家研究发现，现代的海水不能直接沉淀出白云石，在实验室的常温常压下也无法合成。目前地质学家普遍认为，白云石是由方解石与含镁量高的海水发生交代反应后形成的。交代反应实际是一个替换过程，水中的镁离子一点一点将方解石中的钙离子替换掉，最终变成白云石，这个过程被称作“白云石化”。地质学家提出了许多不同的理论，来解释什么情况下会形成白云岩。比较有影响力的假说有“浓缩海水模式”“混合水模式”等。直到现在，白云岩的成因依然是地质学研究中的一大热点。

硅质岩

分类： 化学沉积岩

英文名： Siliceous rock/Chert

主要矿物： 玉髓、石英

形态特征： 黑色、灰色为主，当含有一些杂质时可以呈现其他颜色，但比较少见。以层状、条带状或团块状出现在白云岩或灰岩中。

实用观察信息： 北京地区没有单独出现的厚层硅质岩地层，硅质岩主要以夹层出现在白云岩或灰岩中。

硅质岩是一种知名度很低的岩石，但提到燧石，很多人都听说过。燧石与金属碰撞容易产生火星，燧石本身也比较坚硬易碎，很容易被加工成锋利的石器。其实，燧石就是硅质岩。硅质岩并不罕见，尤其是在碳酸盐岩分布广泛的北京地区。硅质岩的主要成分是玉髓或石英，在地表条件下，它的抗风化能力比白云岩和

灰岩黑色的硅质条带

角砾岩，其中有大量不规则灰岩碎块

些角砾还相当大，尺寸可以超过 60 毫米。角砾岩的形成原因多种多样，有可能来自泥石流，大雨把山坡上的岩石碎片冲到沟谷中，堆积形成角砾；有可能来自火山喷发，不规则的火山渣、火山弹堆积形成角砾；也有可能来自构造运动，在断层的作用下，岩石被磨成碎渣，然后被矿物质胶结，形成构造角砾岩；在喀斯特地貌发育的地区，溶洞坍塌也会形成角砾岩。

因为形态奇特，有些由石灰岩构成的角砾岩也被作为观赏石，用来堆砌假山。圆明园遗址公园中就有不少假山是使用以石灰岩为主的角砾岩建成。

砂岩

分类：碎屑沉积岩 中碎屑岩

英文名：Sandstone

主要矿物：石英、长石、岩石碎屑

形态特征：黄色、灰黄色为主，也可呈现其他色彩。

实用观察信息：北京地区的砂岩主要出现在二叠系、三叠系及侏罗系的地层中，它的分布范围与砾岩类似，主要在香山、小西山、九龙山以及房山区西部的周口店地区。

砂岩的结构与砾岩非常接近。不过，砂岩中的碎屑物主要是砂，尺寸会比砾石更小一些。地质学上规定，当颗粒的直径大于 2 毫米时，它就属于细砾而不是粗砂。砂一般经过了相对较长时间的搬运，在这个过程中，岩石中的矿物会继续风化，所以并不是所有矿物都会形成砂。砂中比较常见的成分是石英和长石，抗风化能力较弱的矿物则在风化过程中逐渐溶解消失了。

砂岩（左下）与砾岩（右上）

砂岩

尽管砂个头比较细小，但它们并不会紧密地贴在一起。颗粒中间的空隙常被胶结物填充，这些胶结物一般来说是泥或者方解石、石英等矿物。少数情况下，空隙中会被有颜色的矿物填充，比如绿色的海绿石或红色的赤铁矿，这时砂岩就会呈现填充物的色彩。此外，有些空隙并不会被完全填满，剩下的空间就成了流体的通道，这些通道以复杂的方式连接，就可以储存和输送水、石油或天然气了。在石油地质学和水文地质学中，砂岩常被当作储集层。

粉砂岩

分类： 碎屑沉积岩 细碎屑岩

英文名： Siltstone

主要矿物： 石英、长石、黏土矿物

形态特征： 灰黄色为主，也可呈现其他色彩。

实用观察信息： 在北京粉砂岩的分布范围与砂岩类似，主要出现在香山、小西山、九龙山以及房山区西部的周口店地区。

粉砂岩中的碎屑物比砂岩更细，有时从外观上看就像硬化的泥土。粉砂岩中颗粒的直径在 0.004 ~ 0.06 毫米，这个大小的颗粒用肉眼是看不到的，但是如果用手搓一搓岩石表面，还是能感受到一定的颗粒感。粉砂岩的矿物成分以石英和长石为主，同时还含有一定的黏土矿物。与砂岩一样，粉砂岩的胶结物如果是含有特别颜色的矿物，比如海绿石或赤铁矿，那么粉砂岩整体就会呈现相应的颜色。在北京门头沟区的寒武纪地层中经常可以看到绿色和砖红色的粉砂岩，绿色的粉砂岩是因为其中含有一定的海绿石，砖红色的则是因为其中富含赤铁矿。

粉砂岩

粉砂岩，其中夹杂红色泥岩条带

泥岩

分类：碎屑沉积岩 细碎屑岩

英文名：Mudstone

主要矿物：黏土矿物

形态特征：灰色、灰白色为主，也可呈现其他色彩，呈块状。

实用观察信息：泥岩分布范围比砂岩、粉砂岩更广。除了与砂岩一起出现外，它还可以作为海相沉积岩的夹层，在北京主要分布于香山、小西山、九龙山以及房山区西部的周口店地区。

泥岩

泥岩，经过风化后呈球状

泥岩常常呈块状，看上去就像一块硬化的泥土。从外观上看，泥岩很像粉砂岩，但泥岩中的颗粒物直径更小，往往小于0.004毫米，因此用手搓一搓并不会有明显的颗粒感，更像是在搓泥土，凭这一点可以与粉砂岩相区分。泥岩中的主要矿物为黏土矿物，这是一大类矿物，它们由各种矿物经过化学风化后形成。其中有一类很重要的黏土矿物叫作高岭石，它们在干燥时有吸水性，如果用舌头舔舐会感到舌头像被粘住一样。高岭石含量较高的泥岩也具有这个特点，不过用舌头舔岩石毕竟很不卫生，可以试着用沾水的手触摸泥岩表面，也会有类似的感觉。

页岩

分类： 碎屑沉积岩 细碎屑岩

英文名： Shale

主要矿物： 黏土矿物

形态特征： 灰黄色为主，也可呈现其他色彩，具有页理。

实用观察信息： 页岩的分布范围与泥岩基本相同，在北京主要分布于香山、小西山、九龙山以及房山区西部的周口店地区。

页岩与泥岩的成分一致，都是由颗粒直径小于 0.004 毫米的黏土矿物组成。但页岩有一个很明显的特点就是具有页理，仿佛一张张书页。这种现象在有化石的页岩中更加明显，从侧面敲击，就会打开页岩层，其中很可能就有化石。

从微观角度讲，页岩之所以存在页理，是因为有片状的矿物沿着层理排列，使得岩石在这个位置更加薄弱，于是很容易从这里裂开。这些片状矿物很可能是在泥岩被埋在地下深处时，由于巨大的压力和一定的温度而形成的。但奇怪的是，地质学家发现，页岩常常出现在地面附近，特别是经历了一定风化后更容易出现页理，而埋在地下深处的泥岩却并没有页理。

页岩

页岩乱石滩

碳质泥页岩

分类： 碎屑沉积岩 细碎屑岩

英文名： Carbonaceous shale

主要矿物： 黏土矿物

形态特征： 黑色，块状（碳质泥岩）或具有页理（碳质页岩）。

实用观察信息： 碳质泥页岩常出现在泥岩、页岩地层中，有时也可能夹杂在砂岩或砾岩中。

含有植物化石碎片的碳质页岩

碳质泥岩，其中夹杂少量含碳量低的薄泥层

碳质泥岩是泥岩的一个种类，由于其中含有大量的有机碳而呈现出黑色的外观。碳质泥岩的出现表明这里曾经有大量生物存在，同时也靠近湖泊或沼泽，因而可以积累大量有机物而不是被氧化成为二氧化碳。碳质页岩存在的地层中常常可以见到化石，北京门头沟区灰峪村发现了大量植物化石，含有化石的地层主要就是由碳质页岩构成的。

将含碳量比较高的碳质泥页岩磨成细粉后甚至可以燃烧，但热值远远不及煤炭，并无太大实用价值。碳质泥页岩内部的有机物在地下的高温、高压条件下可以转化为更容易移动的小分子有机质，也就是石油，因此它也是生成石油的重要地层。

煤

分类： 有机岩石

英文名： Coal

主要矿物： 无固定矿物组成

形态特征： 黑色，呈块状，有些煤中可以看到明亮的条带和反射率较低的黑色基质。

实用观察信息： 煤主要出现在石炭系到二叠系的含煤地层中，北京周边地区曾有许多煤矿，比如门头沟区的千军台以及房山区的大安山等地，现在均已关停。

煤是一种特别的物质，是成分复杂的有机混合物，它不像别的岩石那样有明确的矿物组成，似乎并不是岩石。但煤又非常重要，长期以来是人类主要的能量来源。地质学家给煤开了一个特例，把它归为一类有机岩石。从外观上看，煤中有些部分亮如金属，反射率很高，这部分叫作镜煤；煤中还有些部分呈粒状或丝状，光泽暗淡，容易把手弄黑，这部分叫作丝炭；介于丝炭和镜煤之间的还有暗煤和亮煤。不过，上述这四种成分并不是煤的化学成分，它的化学成分要复杂得多。

煤，其中有明亮坚硬的无烟煤条带

煤另一个复杂的地方是它的所属类别。煤是远古的植物残骸在低洼处不断沉积，然后被埋藏，经过漫长的地质作用才逐渐形成的，这个过程很像沉积岩，因此许多人都以为煤也是一种沉积岩。但煤在埋藏到一定深度后，地下的高温、高压会明显改变其结构和成分，使它更致密、含碳量更高，这个作用有点像变质作用，因此也有人把无烟煤归为一种轻度变质的有机岩石。无烟煤是煤炭中品质比较好的一类，主要由镜煤组成。

尽管北京地区有众多的地层和丰富的地质现象，但是矿产资源种类并不多。在北京西部的门头沟区，关于当地的矿产资源流行着一个说法，叫“黑白两道”。这里的“黑”和“白”指两种矿产，“白”指的是石灰，也就是石灰岩，而“黑”指的就是煤。在北京西山地区，从清水尖到百花山一带有一道长长的山脊，这就是百花山向斜，这座山脊两侧是北京煤矿资源最密集的地区。南有大安山、长沟峪，北有木城涧、大台，这些都曾是北京著名的煤矿产地。

板岩

分类：面理化变质岩
英文名：Slate
主要矿物：依原岩成分而定，常见的矿物有石英、斜长石、黏土矿物
形态特征：呈板状，岩石的破裂面没有明显的丝绢光泽，基本和原岩一致。
实用观察信息：板岩是区域变质作用的产物，出现在巨大的花岗岩侵入体周围。

板岩是一种变质程度比较弱的变质岩，它是由碎屑沉积岩经过一定的温度和压力后变质而成的。板岩“岩如其名”，一般呈板状。板岩与页岩一样，也很容易沿着某一个方向劈开。这是因为云母等片状矿物会沿着层面大量形成，使得岩石更容易沿着这些面破裂。与变质程度较高的片岩和千枚岩不同，板岩的变质程度较弱，新形成的云母等片状矿物数量较少，因此板片表面的丝绢光泽比较暗淡。

板岩

沙质板岩

许多相对古老的沉积岩都有一定程度的变质，从而成为板岩。此外，靠近侵入岩岩体的沉积岩由于受到高温的烘烤，也容易发生变质而成为板岩。

板岩是一种天然的建筑材料，由于自身容易形成板状，因此不用太多加工就可作为砖瓦使用。在盛产板岩的地方，人们直接用其搭建房顶。北京主要的板岩产地在房山区，因为那里泥质岩石地层比较多，又有相对较强的变质作用。北京地区带有“石板”二字的地名有 20 个左右，它们基本都在房山区的中西部山区中，这些地方同样也是板岩的产地。

千枚岩

分类： 面理化变质岩

英文名： Phyllite

主要矿物： 白云母、石英、斜长石

形态特征： 呈片状，可以看到千枚理，层面上有较强的丝绢光泽。

实用观察信息： 千枚岩是区域变质作用的产物，出现在巨大的花岗岩侵入体周围或古老的沉积岩地层中。

千枚岩是一种变质岩，它的变质程度比板岩更高。它的原岩一般是各种沉积岩，比如泥岩、含泥的砂岩、砾岩等。千枚岩最典型的特征之一就是千枚理，沿着千枚理剥开岩石，就会发现其剥离面上有很强的丝绢光泽，这是因为千枚岩中有大量细小的云母晶体。这些片状的云母晶体排列整齐，因此可以在特定方向上看到比较强的反光，如同丝绸一样。不过值得注意的是，千枚理不一定和原先沉积岩的层理方向一致。这是因为，岩石中的云母等片状矿物基本上都是在变质作用中形成的。在压力的作用下，这些片状矿物会选择在垂直于压力的方向上生长，这个方向未必是原先沉积岩的层理延伸的方向。

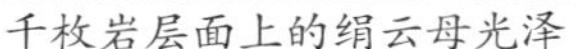
千枚岩层面上的绢云母光泽

千枚岩

石榴子石千枚岩

分类：面理化变质岩

英文名：Garnet phyllite

主要矿物：白云母、石英、石榴子石（一般为钙铝榴石）

形态特征：呈片状，可以看到千枚理，层面上有较强的丝绢光泽，其中可以看到细小的石榴子石晶体。

实用观察信息：石榴子石千枚岩是区域变质作用的产物，出现在巨大的花岗岩侵入体周围或古老的沉积岩地层中。

石榴子石千枚岩是一种千枚岩，其中常常含有大量的石榴子石晶体。这些石榴子石晶体并非来自原岩，而是在变质作用中新形成的矿物。这也凸显出变质岩的一个重要特点，那就是“无中生有”，只要环境合适，又具有原料，那么原岩中本不存在的矿物就会在变质作用中形成。石榴子石千枚岩中除了石榴子石外还有大量云母，这也是变质作用中形成的矿物。

石榴子石千枚岩

在北京房山区周口店太平山北坡的山口村陵园及西侧的山脊上，就有许多石榴子石千枚岩。这里距离房山岩体的边缘仅 100 多米，变质作用很强，可以找到粒径超过 1 毫米的石榴子石。

石榴子石千枚岩中的石榴子石

片岩

分类： 面理化变质岩

英文名： Schist

主要矿物： 白云母、石英、斜长石

形态特征： 呈块状，可以看到片理，基本看不出原岩类型。

实用观察信息： 片岩是区域变质作用的产物，出现在巨大的花岗岩侵入体周围或古老的沉积岩地层中。

片岩是一类变质岩，它的变质程度比千枚岩更高。片岩中有大量结晶较好的矿物晶体，而沉积岩原先的结构和构造则基本消失。由于片岩变质程度更高，其中的片状矿物往往也更大。这些片状矿物也会发生定向排列，从而使得片岩表面在特定方向上会出现极强的反光，这就是片理。片岩与千枚岩类似，片理的方向不一定与原岩的层理方向一致。片岩中新生成的矿物比千枚岩更多，其中除了有大量片状矿物外，还有许多柱状和粒状矿物，比如石英、十字石、石榴子石。根据岩石中主要的变质矿物，可以将片岩分成不同的种类，比如十字石云母片岩、石榴子石云母片岩等。

具有扭曲的片理的片岩

片岩的特定方向会明显地反射光线

片麻岩

分类： 面理化变质岩

英文名： Gneiss

主要矿物： 石英、斜长石、黑云母、白云母、角闪石

形态特征： 呈块状，具有片麻理。

实用观察信息： 片麻岩是强烈变质的产物，一般出现在花岗岩岩体周围或下地壳岩石中。

片麻岩，中间有一条肉红色脉体穿过

片麻岩（黑白相间）

片麻岩的变质程度比片岩还要高，这种变质岩一般只有经过高温、高压环境才能形成。片麻岩具有片麻理，其中的粒状矿物定向排列，形成断断续续的虚线。片麻岩中的浅色矿物有石英、斜长石、正长石，它们的熔点比较低。片麻岩的粒状结构和以浅色矿物为主的矿物成分与花岗岩十分相似，因此在野外很容易将其和具有流动构造的花岗岩混淆。要想区分这两种岩石就要认准“片麻理”这种构造。片麻岩中的矿物定向排列现象非常强，而流动构造的花岗岩中并没有直线状断断续续的片麻理。

在一些片麻岩的变质演变过程中，当其中的浅色矿物已经开始部分熔融，如果变质程度继续加深，这些浅色矿物就会流动，从而脱离岩石。在这种环境下，岩石就会出现一些非常扭曲的条带和花纹，这些岩石属于另外一种变质岩——混合岩。

混合岩

分类： 面理化变质岩

英文名： Migmatite

主要矿物： 斜长石、钾长石、石英、黑云母、角闪石等

形态特征： 整体为深浅不一的灰色，呈块状，矿物结晶明显。岩石中还可以看到深浅不一的条带，它们往往非常扭曲，呈现出流动的特征。

实用观察信息： 混合岩属于变质作用非常强的一种变质岩，出现在巨大的花岗岩岩体周围，较为少见。

混合岩是一种变质程度非常强的变质岩，其中能看到明显的矿物晶体。由于岩石中的矿物已经进行了强烈的重结晶作用，所以混合岩中基本上看不出原来的岩石是什么。混合岩的内部有深浅不一的条纹，这些条纹常常十分扭曲，仿佛是液体一样，但混合岩确确实实是固体。混合岩的原岩被深深埋入地下，地下高温烘烤着岩石，

混合岩，可以看到有些粗细不均的浅色脉体出现

混合岩，含有大量不规则浅色脉体

温度高到甚至让岩石中一些熔点比较低的浅色矿物熔化了。熔化的矿物会呈现出一种塑性很强的状态，而在岩石内部存在着的力会推挤岩石，从而使其中的条带发生变形。由于岩石的塑性很强，因此很容易形成各种非常扭曲的构造，比如肠状褶皱。

这些熔化了的矿物与花岗岩的矿物成分十分相似，主要以石英、斜长石和钾长石为主，当它们汇集起来以后，就是花岗岩岩浆。回顾整个过程就会发现，岩石在高温下不仅发生了变质，甚至直接有一部分熔化成了岩浆，这种熔化岩石的过程叫作“深熔作用”，大部分混合岩都是由深熔作用形成的。

混合岩常被当作观赏石，而且常常被作为具有代表性的象征物刻上字。这种想法某种程度上与岩石的形成过程暗合，它们一般都形成于很久很久以前，经过了地狱般的变质过程，最终又回到了地面，可以说是身经百战了。

石英岩

分类：无面理化变质岩

英文名：Quartzite

主要矿物：石英

形态特征：呈块状，结构致密，层理不明显，石英颗粒互相镶嵌，孔隙基本消失。

实用观察信息：石英岩是区域变质作用的产物，常出现在古老的沉积岩地层中。

石英岩是以石英为主要矿物的变质岩。它的原岩种类多样，可以是石英含量极高的火成岩，也可以是非常纯净的砂岩，或者是较为纯净的硅质岩。如果原岩比较纯净，那么其在变质过程中不会有新的矿物产生，只是会因石英晶体发生重结晶而变得更加巨大；如

石英岩，可以看到少量细小的片状矿物，但层理早已消失

河滩中的巨大石英岩岩块

果原岩并不纯净，比如含有一定量的黏土或碳酸盐，那么在变质过程中石英会和这些矿物发生反应而生成新的矿物，最常见的矿物是云母。纯净的石英岩结构致密，性质稳定，同时又有一些孔隙可以容纳色素粒子，因此常被不法商人染色后用来冒充翡翠等高档玉石。

大理岩

分类：无面理化变质岩

英文名：Marble

主要矿物：方解石、白云石

形态特征：整体呈白色，有杂质存在时可呈其他颜色。

实用观察信息：大理岩在北京分布比较有限，出现在侵入灰岩的岩浆岩边缘地带，北京著名的大理岩产地在房山区大石窝。

大理岩常常被称作大理石，但它实际上是一种岩石，因此称之为“岩”更为严谨，大理岩的原岩一般是石灰岩或白云岩。当高温岩浆侵入到石灰岩地层时，大范围的石灰岩由于受到高温的烘烤，加上岩石中流体的作用，便重新开始结晶，原本细小的晶体变得十分巨大，岩石中的有机物也被分解，原本灰色的石灰岩或灰白色的白云岩最终变成了洁白的大理岩。当原岩比较纯净时，形成的大理岩以白色为主，这就是人们熟知的“汉白玉”，但如果原先的岩石中含有泥质岩或其他杂质，经过变质后就可能形成其他矿物，这些

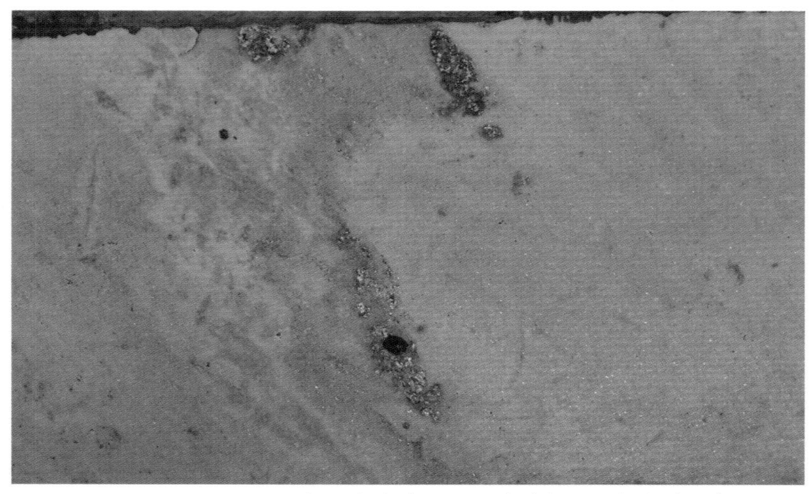

大理岩地砖，可以看到黏土矿物变质形成的云母

大理岩（白色部分）

矿物往往带有特殊的色彩，会在大理岩上形成独特的条带。大理岩一般是块状，但如果原岩层理明显，杂质较多，也会变成条带状。

大理岩自古以来就是深受世界各地人民喜爱的建筑材料和雕刻材料。故宫、天坛等皇家建筑都大量使用汉白玉作为建材，而建造皇城时所用的汉白玉来自北京最著名的开采地点——房山区大石窝的大白玉塘采石场遗址，这里已成为第七批全国重点文物保护单位。

磁铁石英岩

分类： 无面理化变质岩

英文名： Magnetite quartzite

主要矿物： 石英、磁铁矿、赤铁矿

形态特征： 呈块状，结构致密，有些还可以看到斜层理等原岩中的构造。

实用观察信息： 磁铁石英岩的原岩是古老的含铁硅质岩——条带状铁建造，它的分布较为破碎，许多存在磁铁石英岩的地区已经被作为铁矿开采了很久。

磁铁石英岩是一种特别的岩石，其原岩是一种特殊的含铁硅质岩——条带状铁建造。这种特殊的岩石并非任何时候都会形成，在地质历史上，它们只在太古宙和元古宙中几个小段时间内形成。当时，由于地球环境的重大改变，海洋中有大量的铁质沉淀下来，它们与燧石共同沉积，形成了这种以“硅质—铁质”为主的岩石。后来经

层理不明显的磁铁石英岩

条带状磁铁石英岩

过漫长的时间，许多条带状铁建造都发生了变质，最终形成了磁铁石英岩。这种岩石的含铁量非常高，因此常被作为铁矿石进行开采。北京密云区就有许多磁铁石英岩碎块分布在古老的变质岩中，其中有不少已经被作为铁矿进行了开采。在最近十几年中，这些铁矿场已陆续被关闭，如果前往矿区，兴许还能捡到一些磁铁石英岩碎块。

角岩

分类： 无面理化变质岩 接触变质岩

英文名： Hornfels

主要矿物： 黏土矿物、绿泥石、红柱石

形态特征： 整体为黑色或深灰色，呈块状。

实用观察信息： 角岩是通过接触变质作用形成的一种变质岩，出现在巨大的花岗岩侵入体周围。

“角岩”这个名字直译自外文“Hornfels”，即“牛角一样的石头”。角岩通常较为致密，而且颜色一般较深，如牛角一般，因此得名。角岩是岩石（主要是沉积岩）经高温加热后发生变质形成的一种变质岩。与板岩等具有层面的变质岩不同，角岩结构致密，没有层理，看上去非常均匀。这是因为角岩主要受热的作用，没有承受太多额外的压力，因此矿物不会定向排列，也不会形成新的层理，同时方向杂乱无章的新矿物也会将原有的层理打乱。

红柱石角岩

一块纯黑色的角岩，没有矿物晶体

角岩是一大类岩石，根据其中新生成的矿物成分可以进一步细分，如红柱石含量较高的角岩叫作“红柱石角岩”，硬绿泥石含量较高的称作“硬绿泥石角岩”。除了红柱石、硬绿泥石之外，变质程度较高的角岩还可能含有十字石、石榴子石等矿物。

红柱石角岩

分类：无面理化变质岩 接触变质岩

英文名：Andalusite hornfels

主要矿物：红柱石、黏土矿物

形态特征：整体为黑色或深灰色，呈块状，其中可见大量红柱石晶体，无定向或有弱的定向排列。

实用观察信息：红柱石角岩是通过接触变质作用形成的一种变质岩，出现在巨大的花岗岩侵入体周围。北京房山区周口店的太平山一带有大量的红柱石角岩。

红柱石角岩

红柱石角岩，内部含有大量红柱石晶体

红柱石角岩中含有大量红柱石晶体。红柱石晶体的颗粒直径一般为 1 ~ 2 毫米，长度一般为 2 ~ 4 毫米。大量红柱石晶体在岩石中无规则排列，远看如同岩石中有无数小虫子，有“密集恐惧症”的人最好做好心理准备再靠近观察。越是靠近花岗岩侵入体，红柱石角岩越会生长出更大的晶体，但晶体数量会下降。红柱石角岩的原岩一般是泥质岩，其中的黏土矿物受热后会形成 Al_2SiO_5 分子，当周围的温度不太高、压力不太大时，就会形成红柱石。

有些红柱石会围绕着一个中心呈放射状生长，从而长出一个个像花一样的集合体。在角岩黑色的基质上，这种白色的矿物“花”非常好看，常作为一种观赏石，也就是常说的“菊花石”。不过，菊花石并不常见，要想捡到好看的菊花石还是需要一定运气的。

硬绿泥石角岩

分类： 无面理化变质岩 接触变质岩

英文名： Chloritoid hornfels

主要矿物： 绿泥石、黏土矿物

形态特征： 整体为黑绿色或深灰色，呈块状，其中可见细小的绿色矿物。

实用观察信息： 硬绿泥石角岩是通过接触变质作用形成的一种变质岩，出现在巨大的花岗岩侵入体靠外侧的位置。

硬绿泥石角岩是角岩的一种，其中含有大量的硬绿泥石晶体。不过，与红柱石晶体不同，硬绿泥石晶体非常细小，很多时候不借助放大镜甚至显微镜是很难看到的。如果仅用肉眼观察硬绿泥石角岩，只能看到它呈现出黑绿色。硬绿泥石并不是一种稳定的矿物，在温度不太高、压力不太大的条件下生成，当温度、压力持续上升，它就会变得不稳定，从而转化成别的矿物。因此，硬绿泥石角岩一般出现在花岗岩侵入体靠外侧的位置。

硬绿泥石是一种含铁矿物，在地表很容易被风化，其中的铁质会流失并被氧化成三价铁，从而形成赤铁矿和针铁矿。这两种矿物会把岩石染成橘红色。水分和氧气只能进入岩石表面附近的位置，往往会形成一个氧化圈，敲开岩石表面会发现里面是绿色的。

硬绿泥石角岩

硬绿泥石角岩岩块，外表被氧化成了红色

脉羊齿

分类：植物化石

英文名：Neuropteris

形态特征：叶片多呈不规则卵形或舌形，互生，叶脉呈束状发散。

实用观察信息：脉羊齿是石炭系常见化石，一般出现在太原组地层中。北京门头沟区的灰峪村中比较容易发现保存较好的脉羊齿化石，在其他地区的太原组地层中也有可能发现。

脉羊齿是一类早已灭绝的古植物，它们生活在3亿多年前的石炭纪。脉羊齿的叶片一般呈卵形或舌形，叶脉呈羽状，叶片一般紧紧贴在枝条上，有时候可以看到短柄。脉羊齿是北京地区最常见的植物化石之一，而且它们的形态非常好看。脉羊齿的叶片相对较大，经常散落形成单片，运气好的话也能遇到带有许多叶片的枝条，非常美观。

脉羊齿叶片

脉羊齿小枝条

脉羊齿在石炭系太原组地层中最为多见，而北京门头沟区灰峪村的太原组地层中化石最为丰富。但作为一个著名的化石采集点，随着人们的不断开采，这里的状况并不乐观，碎石遍地且掩盖了岩层，已经不太容易采集到比较精美的化石了。但如果你从未亲手触摸过植物化石，灰峪村还是非常值得一去的。

芦木

分类：植物化石

英文名：Calamites

形态特征：呈较宽的条状，由许多细长的条状物平行排列组成，每十几厘米左右有一个节。

实用观察信息：芦木是石炭系常见化石，一般出现在太原组地层中。北京门头沟区的灰峪村比较容易发现保存较好的芦木化石，在其他地区的太原组地层中也有可能发现。

芦木是由某些古植物的枝干部分形成的化石。由于植物化石常常不会完整地被保存，而是只能保留其中一部分，因此只能根据其形态对化石进行分类和命名，等到研究充分以后，大家可能就会意识到曾经被认为不同的几个物种属于同一个物种。芦木就是轮叶属植物的枝干，因此地层中如果发现大量的芦木化石，则附近一定有轮叶化石。芦木的体形十分巨大，它们通常可以长到 20 多米高，但

芦木化石，一块石头上常常能见到不止一个芦木化石

芦木

如此完整的芦木化石非常难找，常见的芦木化石一般只有整个植物的一小部分。在北京门头沟区灰峪村附近，有一片区域内有大量的植物化石出现，其中就有非常多的芦木化石，也常常可以见到许多轮叶化石。与其他类型的植物化石相比，芦木尤其多，这可能与它们更容易被保存有关。

现在也有与芦木相近的植物存在，它们叫作木贼。木贼的形态也是一节一节的，与成为化石的芦木有许多相似之处。不过，木贼植株不高，根本无法和几亿年前的芦木相比。

轮叶

分类： 植物化石

英文名： Annularia

形态特征： 叶子细长，围绕着茎秆上的节呈放射状生长。

实用观察信息： 轮叶是石炭系常见化石，一般出现在太原组地层中。北京门头沟区的灰峪村比较容易发现保存较好的轮叶化石，在其他地区的太原组地层中也有可能发现。

轮叶是一类已经灭绝的古植物，它实际上是芦木的叶片部分。轮叶的叶片十分细长，看上去好像菊花的花瓣，叶片围绕着茎秆上的节长成一圈，经常由十几片叶子组成。北京门头沟区灰峪村附近出产大量的植物化石，其中就有轮叶的化石。不过，大部分化石中的轮叶都呈现被揉皱的形态，形态保存较好的轮叶化石比较少见。

轮叶，小叶片围绕着茎节长成一圈

轮叶

轮叶所属的芦木，是石炭纪到二叠纪期间煤炭森林的重要组成部分之一。在这个时期内，地球上出现了规模巨大的森林和湿润的树沼，体量巨大的森林甚至改变了大气中氧气的含量，当时的大气含氧量可能高达35%（现在是21%）。而植物死亡后，大量的有机质进入地层，形成了丰富的煤炭资源。北京地区主要的含煤地层也是形成于这个时期。

硅化木

分类：植物化石

英文名：Petrified wood

形态特征：外形像树干，材质以石英为主，也会含有一些杂质从而呈现红色、黄褐色或绿色。

实用观察信息：北京地区的硅化木主要集中在延庆区东部千家店一带。

硅化木是一种特殊的化石。树木死亡后，如果被迅速埋藏在泥沙中，就避免了被氧化分解。在地下，木质会被缓慢地分解，与此同时，富含二氧化硅的流体又会在木质分解后留下的空洞中沉淀。由于分解和沉淀的过程比较缓慢，因此许多树干原先的构造会被保留，最终形成几乎完美的化石，这种化石保留着树干的外形，但材质已经变成了坚硬的石英，这就是硅化木。硅化木经常是一节一节的，这是因为石英脆性很强，很容易断裂。有些硅化木中的石英会形成像玛瑙一样晶莹剔透的状态，这样的硅化木也被称为“树化玉”。

硅化木

硅化木

北京地区原生的硅化木大多出现在延庆区东部的千家店一带，在硅化木地质公园中有几十棵保存较为完整的硅化木。作为一种大型的观赏石，硅化木也会在城市中出现，可以试着在城市公园中找一找。

叠层石

分类： 遗迹化石

英文名： Stromatolite

形态特征： 呈层状，中间向上突起。

实用观察信息： 叠层石主要出现在碳酸盐岩地层中，北京地区的中上元古界地层中的高于庄组、雾迷山组以及铁岭组中有大量的叠层石。

叠层石的出现可以追溯到 30 多亿年前。在北京地区，有几个地层中的叠层石非常多，它们是蓟县系的高于庄组、雾迷山组以及铁岭组。这些地层形成于 16 ~ 14 亿年前的元古宙，特别是在铁岭组中，可以看到许多不同种类的叠层石。在形成于 5 亿多年前的寒武系的地层中也发现了一些叠层石，它们主要出现在生物礁中，规模也更小一些。

叠层石

叠层石，由于差异风化形成了深浅不一的表面

叠层石是一类与生物活动关系密切的构造。尽管人们已经知道并非所有的叠层石都与生物活动有关，但还是把绝大多数叠层石当作是微生物制造的一种现象。它的形成与藻类的活动有关。蓝藻在白天生长，分泌黏液，于是水中的碳酸钙颗粒就会被粘在其表面，晚上停止活动后，这个过程就会停止，到了白天又开始新一轮的活动，一层一层的纹层就这样形成了。除此之外，一年中不同时间的环境变化也会对纹层造成影响。因此，通过计算一年中叠层石上面细微的纹路变化，就能推测出当时地球一年有多少天。由于地球的公转周期基本不变，还能进一步算出当时每天有多少小时。“10 亿年前地球一天只有 22 个小时”这样的说法，就是通过观察叠层石上面的纹层计算出来的。

砾石

分类：沉积物

英文名：Gravel

主要矿物：各种岩石碎屑，主要有石英、长石、方解石、白云石等

形态特征：磨圆程度较好的砾石以球形、椭球形为主，磨圆程度较差的砾石呈光滑的多面体形态。

实用观察信息：天然的砾石出现在山间和出山口附近的河床上。在北京城市公园中，人工湖的岸边也可以见到从别处搬运过来的砾石。

砾石是一种沉积物，它如果被埋入地下，经过压实、固结以后就会形成砾岩。地质学上对砾石的大小有一定的要求，它的直径必须大于 2 毫米，而小于 2 毫米的碎屑物叫作砂。砾石经常出现在山间河流和河流的出山口附近，在更加上游的冲沟和山谷中，岩石风化后的碎屑常常尚未磨圆，或者过于巨大很难被流水搬运，而在远离出山口的河道中，河水流速减缓，又难以搬运较大的砾石，所以在天然河流中，不同位置的砾石大小也不一样。在远离山区的平原

遍布砾石的河滩

遍布砾石的河滩

地区一般很难看到砾石，但人们出于各种目的会把砾石放到非自然的位置，因此在公园里我们也能见到许多砾石。

河流出山口附近的砾石的成分并不是随机的，而是与河流流过区域的岩石有关。即使河滩附近没有某一种岩石，在更上游也一定有这种岩石大量出现。所以如果有时间，可以选择一条河沟，捡上100多块砾石，统计其中各种岩石的比例，就能知道上游大致有哪些岩石，以及这些岩石的分布范围有多大。实际上，地质学家也常用这种方法推测早已消失的古代山脉由哪些岩石组成。

砂

分类： 沉积物

英文名： Sand

主要矿物： 斜长石、钾长石、石英、岩石碎屑等

形态特征： 整体为灰黄色，根据具体成分不同会有不同的颜色。

实用观察信息： 砂出现在河道或者曾经的河道上，在花岗岩等粒状结构的侵入岩附近也有一些直接由风化作用形成的砂。

人们一般把砂称作“沙子”，不过在地质学上，砂是有严格尺寸限制的，它的颗粒直径在 0.0625 ~ 2 毫米。颗粒更大的碎屑物被称作砾，更小的则是粉砂。天然堆积的砂主要出现在河流中，河岸边和河床上都有大量砂出现。除此之外，海滩、沙漠都是砂大量出现的位置。不过，北京周边没有大片的沙漠和海滩，所以天然的砂还是要去河道中寻找。与砾石一样，河道中砂的成分也与河流上游的岩石有关。不过，由于砂可以经过较长距离的搬运，所以一些比

花岗岩风化后形成的砂砾

河流中的沙滩

较长的河流中的砂往往来自几十甚至几百千米之外，而不像砾石那样来自附近。此外，与砾石不同，大部分砂以石英和长石为主，暗色矿物不太多，几乎没有碳酸盐矿物。这也与长距离搬运有关，那些容易风化的矿物在漫长的搬运过程中早就风化殆尽了，自然也就很少甚至不存在了。

黏土

分类：沉积物

英文名：Clay

主要矿物：以黏土矿物为主，具有少量石英

形态特征：棕色到棕黄色为主，含有大量有机物时呈黑色。

实用观察信息：黏土不只出现在河道中，在各种地势低洼处都能看到。

黏土通常指粒径小于 0.005 毫米的细颗粒沉积物。在日常生活中，我们常用“土”来指代土壤、黄土、黏土等一系列不同的地上泥沙混合物，但它们其实并不完全相同。黏土来自岩石风化，但与砂和砾石相比，它的形成需要经历化学风化，因此通过黏土很难看出原始的岩石是什么种类。黏土的主要成分是黏土矿物，其中以高岭石、蒙脱石为主。黏土矿物的形成与长石类矿物的风化作用有关。形成于地面的黏土很容易被流水带走，进入河流中。由于它们粒径比较小，可以在水中漂很久才沉淀下来。所以泥质岩一般形成于深海或深湖，其他颗粒较大的碎屑物很难到达这里，只有黏土可以。

岩石高度风化后形成的黏土

岩石高度风化后形成的黏土，原先可能是一个岩墙

黏土具有可塑性，可以被加工成各种各样的形状，然后在高温烘烤下又会固结，制成坚固的砖、瓦、陶，甚至不透水的瓷，所以很早以前人们就开始用黏土制作各种器具。在现代工业中，“陶瓷”一词已经不再仅指陶器和瓷器了，而是代表一类高温烧结而成的无机材料。不过，黏土依然被用来生产各种精美的瓷器，继续发挥着“土”的作用。

黄土

分类： 沉积物

英文名： Loess

主要矿物： 黏土矿物

形态特征： 整体为土黄色，结构比较均匀。

实用观察信息： 黄土可以出现在任何地方。在北京地区，黄土一般出现在山区，平原地区的黄土已经被各种建筑覆盖。

黄土和土壤虽然看上去都是土，但二者区别很大。土壤形成于本地复杂而多样的风化作用，其中包括至关重要的生物风化作用。黄土则是第四纪时期从遥远的大陆内部被风吹过来的。在沙漠地区，岩石被风化成各种大小的碎屑物，其中就有可以轻易被风吹起的细颗粒物质。这些细颗粒的物质被风从大漠吹向平原，然后沉积下来，经过漫长的时间就形成了厚厚的黄土。由于这些细颗粒物质是垂直从空中沉降的，所以黄土一般不具有水平方向的层理。在黄土中有

黄土（中层，上层为河流冲积物）

黄土（中层土状地层，上层为河流冲积物）

许多竖直方向的裂缝，叫作“纵节理”，这也与黄土的垂直沉降有关。很多时候，位于山区的黄土在沉积中往往会夹杂着一些砾石薄层，这些砾石薄层一般出现在河道附近的黄土堆积中，这很可能与黄土在沉积期间偶然出现的山洪有关。

黄土广泛出现在我国华北和西北等地，最常见于陕西一带。其实，北京也有零星的黄土，这些黄土出现在山区的古河道以及高山上坡度较缓的位置。

红土

分类： 沉积物

英文名： Laterite

主要矿物： 黏土矿物为主，其中含有较多的赤铁矿

形态特征： 红色为主，其中夹杂一些岩石碎屑。

实用观察信息： 红土出现在丘陵地带，特别是具有碳酸盐岩的丘陵。

红土是一种特别的沉积物。一般来说，红土的出现意味着炎热湿润的环境，在这种环境下化学风化非常强烈，矿物中的可溶性成分早已被地面的水冲走了，只留下赤铁矿、褐铁矿、铝土矿以及黏土矿物等不容易流失的成分。红土与黄土的主要区别除了颜色外，还有黏性。黄土一般黏性不大，干燥后很容易被搓碎，而红土则比较黏，干燥后很容易结成块。红土在南方是非常常见的，在北京这样相对寒冷的地区则很难出现大量的红土。但在碳酸盐岩发育的丘陵地带，也会有红土出现。曾经人们认为这与碳酸盐岩的风化作用有关，因此把这种红土称作蚀余红土。不过，碳酸盐岩的含铁量实际上很低，只通过碳酸盐岩的溶解不足以形成大量红土。

红土，黏性好，容易黏结成块

红土与白云岩

北京地区的红土主要出现在由白云岩或灰岩构成的丘陵地带，那里坡度较缓，碳酸盐岩又比较多，很适合红土形成和留存。

土壤

分类： 沉积物

英文名： Soil

主要矿物： 黏土矿物、有机物、岩石碎屑等

形态特征： 黄褐色到褐色，有机质含量比较高的土壤会呈现黑色。

实用观察信息： 土壤出现在地表坡度比较小、地势比较低的地方。

土壤是一种复杂的沉积物，是物理风化、化学风化和生物风化共同作用的结果。它主要由黏土矿物组成，但也含有大量的有机物以及各种各样的生物。土壤具有层状结构，它的最上部是成分最成熟的部分，其中含有大量的腐殖质，这里也是各种生物活动的场所；向下则有机物含量逐渐下降，无机的岩石风化物含量逐渐增加；最底部则是几乎未被风化的基岩。

不同地方的土壤厚度和成分变化很大，一般土壤厚度从几十厘米到几米都有。由于雨水冲刷，山坡上的土壤常常比较薄，甚至完全没有。在平原地区则很难找到土壤的基岩，因为土壤会在沉积物上形成，厚度也比较大。土壤与黏土、黄土最大的区别在于土壤有复杂的成分和结构，而黏土和黄土的成分则比较单一。

花岗岩上方的土壤剖面

草地土壤剖面

古风化壳

分类：沉积物

英文名：Paleo-weathering crust

主要矿物：黏土矿物

形态特征：土黄色到棕红色，根据具体成分会有不同的颜色。

实用观察信息：古风化壳出现在古老地层的不整合面上。

古风化壳（常州沟组地层与太古宙变质岩界线）

古风化壳（图中部红褐色泥土层）

古风化壳指很久以前的风化壳，出现在古老地层的不整合面（指曾经沉积区遭受区域抬升后，发生沉积间断、剥蚀，后期又沉降发生沉积的作用面）上，它的出现意味着这里曾经出现过构造抬升。这是因为风化壳的形成与陆地上的风化作用有关，而且风化作用发生的位置并不是平原，而必须是有岩石裸露的区域，也就是丘陵地带，所以古风化壳出现的位置就是当时的丘陵。一般来说，风化产物最终都会被地面的流水带走，但是有时风化产物来不及被带走，构造运动就已发生，很快丘陵就变成了平原甚至浅海。此时，新的沉积物会覆盖在风化壳上，使它成为地层的一部分，最终形成古风化壳。

古风化壳的出现在研究地质历史时非常重要，是重要的地层标志层。它的上下地层常常年龄差异巨大，有时甚至可以长达上亿年。例如，北京最早的沉积岩地层——常州沟组——与它下方的太古宙变质岩相隔一个古风化壳，这两个地层的年龄差长达 8 亿年。

钙结壳

分类：沉积物

英文名：Carbonate crusts

主要矿物：方解石、文石

形态特征：白色为主，还有一种是常呈现不同色调的红色。呈层状，常一层一层地覆盖在岩石表面。

实用观察信息：钙结壳出现在碳酸盐岩较多的地区，在岩石表面或缝隙中大量存在。

方解石是一种很容易被雨水腐蚀的矿物，它与碳酸反应生成可溶的碳酸氢钙，在适当环境下，碳酸氢钙又会分解成方解石和碳酸。这样的过程形成了各种岩溶地貌，也形成了各种溶洞堆积物。不过，

灰岩表面覆盖的钙结壳

红白相间的钙结壳，宛如红烧肉

堆积过程不只发生在溶洞里，在其他地方也会发生。含有碳酸氢钙的流水会在岩石表面或裂缝中停留，慢慢地形成一层一层的钙质层，这就是钙结壳。钙结壳与溶洞中的石笋、石柱成分一致，只不过它们出现在溶洞之外。

钙结壳一般出现在碳酸盐岩丰富的地区，流经这些区域的流水可以溶解大量钙质，然后沉淀在别处。由于成分不同，这些钙结壳往往有着不同的颜色，除了常见的白色外，另一种比较常见的是红色，有些红白交替的钙结壳样子非常像五花肉。

洞穴泥土

分类： 沉积物 地下岩溶堆积物

英文名： Cave dirt

主要矿物： 黏土矿物、赤铁矿

形态特征： 常常呈层状，方向与水平方向一致。

实用观察信息： 洞穴泥土常出现在落水洞凹陷处或地下暗河中。

洞穴泥土是一种洞穴碎屑沉积物，它的颗粒比较细，粒径与粉砂甚至泥的级别相似。洞穴泥土并不是在溶洞或者地下河中形成的，而是由流动的水从地面上带入地下，最常见的带入通道就是落水洞。下雨时，山坡上可能会形成暂时性的片流甚至洪流，这些流水携带着泥土顺着各种垂直的通道流入地下，进入地下暗河后，它们会在特定的位置沉积下来，随着水分蒸发殆尽，泥土便沉积下来形成沉积物。在一次次的降水过程中就会不断地把地面的泥土送入地下，从而形成一层层的洞穴泥土。有时候落水洞上的凹陷处也会积攒一

洞穴泥土

洞穴泥土，可以看到薄薄的层理

些流水，这也会形成一层层的洞穴泥土。洞穴泥土一般来自山坡上的泥土，在岩溶地貌发育的喀斯特地区，最常见的泥土是红色的蚀余红土，所以洞穴泥土也常常呈红色。

洞穴泥土具有泥土的外形，看上去很松软。实际上它们被方解石等矿物胶结，非常坚固，不使用工具很难将其抠掉。

洞穴砾石

分类：沉积物 地下岩溶堆积物

英文名：Cave gravel

主要矿物：岩石碎屑

形态特征：无明显层理，外观上与一般的砾石相似。

实用观察信息：洞穴砾石出现在落水洞或开放式溶洞内部。

洞穴砾石是一种出现在岩溶地区洞穴中的碎屑沉积物。它的大小一般在细砾到中砾之间，很少看到粒径超过 1 厘米的洞穴砾石。这可能是因为地下暗河的水流常常比较小，无法推动巨大的砾石。洞穴砾石中既有磨圆程度比较好的砾石，也有磨圆程度非常差的角砾，这两种砾石有着不同的来源。磨圆程度比较好的砾石可能来自

洞穴砾石，已经被碳酸钙牢固地胶结在一起

洞穴砾石，可以看到各种不同岩性的砾石

地面，碎屑颗粒会被洪水冲到落水洞中，从而进入地下；磨圆程度很差的角砾则可能来自崩塌的碎石。在砾石缝隙里常常填充着砂砾，它们会与砾石一同被碳酸钙胶结，因而有些暗河沉积物的表面会有一层一层的钙质沉积物。

在北京房山区中部的圣莲山风景区内，有一个非常著名的景点叫作“圣米石塘”，据说其中的“圣米”就是溶洞中的石英岩砾石。

岩层

分类：地质构造
英文名：Rock layer
形态特征：大致呈厚度各异的层状。
实用观察信息：岩层非常常见，在野外看到的层状岩石几乎都是岩层。

岩层是一种很常见的地质构造。岩石层层叠置，如同书页一样，人们经常发出“地球像一本巨大的书”这样的感慨，多半是因为看到了连续而厚度惊人的岩层吧。许多人常常会将“岩层”与“沉积岩”画等号，认为沉积岩就是岩层，其实这并不完全正确。绝大部分沉积岩都能形成层状或近似层状的沉积物，不过它们有可能不是以岩层的方式出现，比如溶洞中的石笋、钟乳石等。同时，岩层也不全

碳酸盐岩岩层

背形

分类：地质构造

英文名：Antiform

形态特征：弯曲地层中向上凸起的部分。

实用观察信息：背形可以出现在一系列褶皱内部，也可以单独出现。

碳酸盐岩中的背形

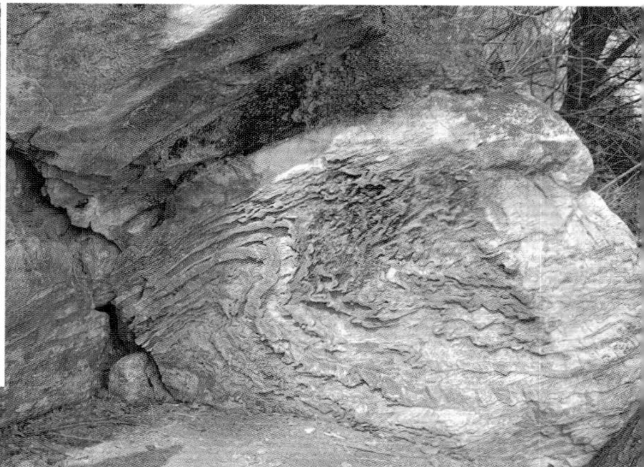

白云岩中的一个背形

背形是褶皱中向上凸起的部分。如果地层没有发生大规模的倒转，那么这样的背形，就被称为背斜。地理学中有一个流传很广的说法："向斜成山，背斜成谷。"它的道理在于，背形的顶部在弯曲时受到来自两侧的拉力，常常变得裂缝密集，很容易被风化；向形的顶部在形成时承受挤压力，因此会变得更加紧密，不容易被风化。这两种效应日积月累，使得原本应该是山丘的背斜成了河谷，原本处在低处的向斜则成了山峰。

不过，这个说法只适用于规模较大的褶皱，并不是所有的背斜都是如此，有些小规模的背斜还是有可能成为相对凸起的地貌的。在北京门头沟区的野溪村和房山区的四渡一带，都能看到完整的背斜。

向形

分类：地质构造

英文名：Synform

形态特征：弯曲地层中凹陷的部分。向形构造中，地层的上表面处于挤压状态。

实用观察信息：向形可以出现在一系列褶皱内部，不太容易单独出现。

向形是褶皱中凹陷的部分，与背形一样，如果不仔细观察地层是否发生过倒转，就不能确定这个凹陷部分是向斜还是扭曲的背斜。不过，鉴于自然界中很少出现大幅度倒转的地层，因此大部分情况下向形就是向斜。向形相当于一个盆子，如果其中的岩层存在隔水层，那么这里就是一个非常好的储水的位置，岩层中的水会在重力的作用下流向向形的核心。

向斜往往会在漫长的风化过程中形成山岭，北京房山区的上寺岭就是一个巨大向斜的核心，如今已经成了海拔上千米的高山。

地层中的一个“N”形向形

粉砂岩中的一个向斜

节理

分类： 地质构造

英文名： Joint

形态特征： 不同的节理形态不同。张节理在剖面上常呈细长的纺锤形，而剪节理则是细长平直的缝隙。

实用观察信息： 节理很常见，可出现在任何岩石中，剪节理最常见。

花岗闪长岩中的节理

节理使粉砂岩具有相对平整的表面和棱角

节理就是岩石中的破裂面。与断层不同，节理两侧的岩石不会发生明显的移动，而是维持原有的状态。一般来说，岩石发生破裂都需要外力的作用，大部分节理也是如此。不过，并非所有节理都与外部的作用力有关。例如，当岩浆冷却时，在收缩过程中就会形成节理，这个过程并不需要外力的作用。节理有许多种，最常见的两种节理是拉力产生的张节理和剪切力形成的剪节理。这两种节理几乎存在于所有岩石中。

平静的岩浆在地表冷却时可能会形成一种特殊的节理，这种节理沿着垂直方向延伸，在水平方向上把岩石分成一个个直径几十厘米的多边形，这就是柱状节理。不过，这种特别的节理与火山的作用密切相关，在北京地区暂时还没有发现柱状节理。

张节理

分类：地质构造

英文名：Tension joint

形态特征：单个张节理通常比较短。与紧密的剪节理相比，张节理比较宽，其中往往填充有矿物质。张节理成群出现，有时候会形成非常复杂的网状。

实用观察信息：张节理可以出现在各种岩石中。

当受到拉伸的力超过一定程度时，岩石就会被撕裂、扯开，撕裂的位置就会形成张节理。张节理会在岩石中拉出一道裂缝，这些岩石中新出现的空间很容易被各种矿物质占据。虽然张节理形成于拉伸环境中，但实际上在挤压力的作用下也能形成。这不难理解，当我们挤压一块面包时，它的侧面就会鼓起来，面包内部的拉力会把面包向四周拉扯，这个拉力与压力的方向垂直。类似的情况也发生在岩石中，当岩石受到竖直方向的压力时，水平方向就可能会被拉开，形成一系列平行的张节理。施加在不同位置的方向相反的作用力（也就是剪切作用力）也会形成张节理。单个张节理的规模比较小，一般长度不超过几十厘米，但张节理常常成群出现，排列成网状或首尾相接呈线状。

排成一条线的一连串张节理

张节理

剪节理

分类： 地质构造

英文名： Shear joint

形态特征： 细长而平直的线状构造，常常延伸得很远。有时候单独出现，有时候与其他节理一起出现，将岩石切割成棋盘状。

实用观察信息： 剪节理可以出现在任何岩石中，而且相当常见，经常成组出现。

三组剪节理将岩石切成方块

两组剪节理将岩石切成了菱形

剪节理来自剪切力的作用。如果仔细观察过剪刀，你就会发现剪切这个过程实际上是两个方向相反的力作用在同一个物体的不同位置形成的，剪节理的形成也是一样的原理。剪节理可以单个出现，也可以密集地成组出现，更常见的情况是两组剪节理同时出现。每组剪节理都由平行的一系列剪节理组成，而两组节理之间则有一定的夹角，互相交错呈“×”形，这样的两组节理往往有内在联系，因此被称作共轭剪节理，它们经常把岩石切割成棋盘状。剪节理附近的岩石比较破碎，因此更容易被风化，从而在岩石表面形成凹陷。有些剪节理中也会填充一些矿物质或侵入岩，形成比较薄的岩墙。

断层

分类：地质构造

英文名：Fault

形态特征：呈近似平直的线状，与地面有一定的夹角，常延伸至较远的距离。

实用观察信息：断层可以在任何岩石中出现。一般来说，构造运动越强的位置断层越多，规模较大的断层地质图上都会有所标注。

简单说，断层就是岩石断开的地方。不过这样说的话，断层好像和岩石中的节理是一回事。二者的区别在于，断层要求两侧的岩石发生明显的移动，而节理两侧的岩石不会发生明显移动。断层的出现说明这里的岩石被挤压、拉扯或撕扯，因此断层基本不会单独出现。如果你发现岩石中存在一个明显的断层，那么附近往往还会有更多类似的断层。断层将岩石分成两个部分，这两部分接触的位置就是断层面。断层面上下分别叫作上盘和下盘，这两部分的相对运动方向决定了该断层是正断层还是逆断层。断层面不是一个绝对的平面，因此当断层两侧发生相对运动时，断层面上就会留下特殊的构造——擦痕和阶步。

出现在整齐的白云岩岩层中的一条断层，向上逐渐形成了许多分支

正断层

分类： 地质构造

英文名： Normal fault

形态特征： 正断层上盘向下运动。规模巨大的正断层可以形成高山和紧邻的平原这样截然不同的地貌。

实用观察信息： 小的正断层可以在各种岩石中找到，在北京北部山区的平原交会处有大规模的正断层出现。

正断层

白云岩岩层中的正断层，紫色标志层明显发生了滑动

断层面上方的岩石沿着断层面像“滑滑梯”一样地往下运动，就形成了正断层。正断层形成后，相当于原本左右两个地块重叠的部分减少，总面积增大，因此正断层的出现与地壳的拉伸运动有关。北京的平原地区与山区就是由一个个正断层隔开的，这些正断层规模巨大，往往在地面上延伸几千米甚至更长。北京最典型的正断层出现在昌平区的南口地区，即南口断层。南口断层从东部的虎峪向西延伸到西部的白羊沟，断层线非常整齐，就好像地壳被巨刃切过一样。断层南侧是不断下沉的上盘，基本以平原为主，北侧则是上升的下盘，是海拔数百米到上千米的山区。

逆断层

分类： 地质构造

英文名： Reverse fault

形态特征： 断层下方的岩石向上运动，如果有标志层则更容易看清楚。

实用观察信息： 逆断层可以出现在任何岩石中。

与正断层运动方向相反的断层就是逆断层。“逆”字有备受阻挠、逆流而上的意思，逆断层也确实如此。逆断层在运动时，除了要克服上盘岩石的重力，还需要克服断层面的摩擦力，可以说是困难重重，因此只有较强的挤压作用才会形成逆断层。正因如此，大部分逆断层都没有太大规模的位移。逆冲断层是逆断层的一种，它的倾角常小于 30° ，甚至更小，这样的小角度使得逆冲断层上下两盘的位移会非常大，上盘像毯子一样整体“盖”在下盘上。

几千万年来，北京地区整体上处于拉伸状态，形成了大量的正断层，逆断层则比较少见。不过，局部的挤压力还是会在地层中形成一些小规模的逆断层。

一小块粉砂岩上的逆断层

逆断层

走滑断层

分类： 地质构造

英文名： Strike-slip faults

形态特征： 断层没有发生明显的垂直运动，而是出现水平方向的运动。

实用观察信息： 走滑断层也可以出现在任何岩石中，不过由于其在断面上很难看出移动，而上表面又常被风化层掩埋，所以不太容易见到。

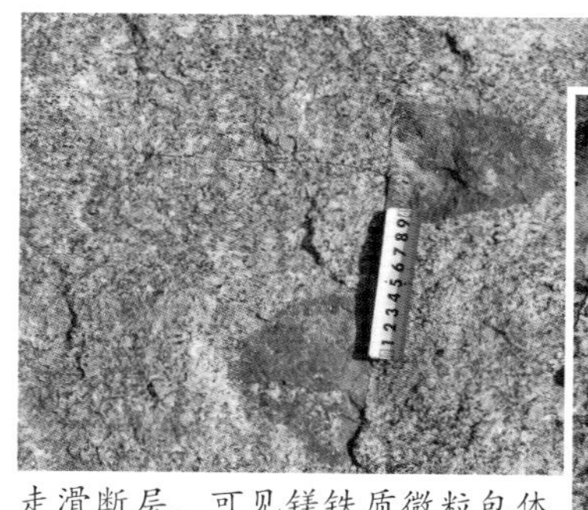

走滑断层，可见镁铁质微粒包体被切开了

走滑断层错动后留下了一段孔隙，其中被矿物质填满

“走滑”其实可以看作“沿着走向滑动”的简写。走滑断层就是主要沿着断层面延伸方向滑动的断层。如果从侧面观察走滑断层，看不出它真实的运动方向，因为断层面两边的地层可能没有明显的错动，有时会将其误认为是正断层或逆断层。想要判断这到底是什么断层，还需要结合别的细节，比如断层面上擦痕和阶步的方向。确定了断层两盘的相对移动方向，就能推断出断层的类型。走滑断层的断层面不一定是平面，也可能有凸起和凹陷。在断层面凸起部位的后方会形成一个空隙，而前方则会形成一个挤压区，因此规模比较巨大的走滑断层上有可能会出现凹坑或鼓起的山丘。

走滑断层在北京地区并不常见，一些小规模的走滑断层会出现在构造运动强烈的区域。例如，在北京的房山岩体西北部的车厂村，附近的花岗闪长岩中就有一些小规模的走滑断层。

断层擦痕

分类： 地质构造

英文名： Scratch lines

形态特征： 一端较粗，另一端较细。擦痕常常集群出现，而且互相平行。

实用观察信息： 断层面上就可以看到断层擦痕，其延伸方向基本指向断层的移动方向。

断层面并不是光滑如镜，上面往往有一些碎石。这些碎石夹在断层中间，一旦断层移动，它们就会在两侧的岩石上留下划痕。由于这些碎石基本来自周围的岩石，与岩石的硬度也基本一致，因此它们在刻画其他岩石时自己也在不断地被磨损，最终完全消失，而它们划出的痕迹就是断层擦痕，擦痕的方向就是断层发生移动的方向。由于断层整体移动，所以不同位置都会出现划痕，而且划痕之间互相平行。

除了断层以外，其他的地质作用也会在岩石上留下划痕。比如湍急的河流中，高速移动的砾石会与河岸摩擦，河流中的岩石也会互相撞击或摩擦，冰川中夹杂的石块会与冰川下方或侧面的岩石摩擦等。尽管不同的擦痕有不同的特征，但是区分起来并不容易。想要观察断层擦痕，最好寻找一个断层面。

断层擦痕

断层擦痕

阶步

分类：地质构造

英文名：Step

形态特征：细微而又密集的陡坎，陡坎高度常在1毫米左右或更小，在阶步平缓的一面经常有大量的擦痕。

实用观察信息：断层面上就可以看到阶步，其中陡坎所在的方向就是断层的移动方向。

阶步是断层面上出现的一种比较微小的构造。它是一个小陡坎，具有一个缓坡和一个陡坎，缓坡与陡坎相交的线叫作“眉峰”。在阶步的缓坡上，常常有大量的断层擦痕，它们一般与陡坎所指的方向一致，且与眉峰垂直。阶步可以出现在岩石表面，也可以出现在断层面上生长的矿物上。阶步常常不会单独出现，如果发现一个阶步，那么应该会在附近发现更多的阶步。

阶步分为正阶步和反阶步两种，正阶步的眉峰比较圆滑，呈圆弧形弯曲，反阶步的则比较尖锐。对于正阶步来说，陡坎面对的方向就是断层的移动方向，反阶步则相反。如果想通过阶步来判断断层的运动方向，一定要先区分清楚正阶步和反阶步。

眉峰尖锐的反阶步

铅笔构造

分类：地质构造

英文名：Pencil cleavage

形态特征：岩石被切成类似铅笔的形状，长度几厘米到几十厘米，侧面棱角分明。

实用观察信息：铅笔构造常出现在页岩或粉砂岩中，可以在岩石强烈变形的位置发现。

铅笔构造是一种带有棱角的石条。它的横截面大致呈四边形或不规则多边形，石条的直径一般在几毫米到一两厘米，而长度可达十几厘米甚至更长。其他构造几乎可以出现在任何岩石中，但铅笔构造基本只出现在轻度变质的页岩或粉砂岩中，这与它的形成过程有关。

铅笔构造

在页岩或粉砂岩中，存在一系列的层理面，这些层理面把岩石切成了一个个薄片。如果岩石经受水平方向的挤压，岩石中就会有片状矿物生长，这些新生长的片状矿物通常沿着垂直于压力的方向形成。如此一来，在垂直压力的方向上也形成了一个容易破裂的面，两个有一定角度的破裂面就会将岩石切割成条状，“铅笔”就这么形成了。

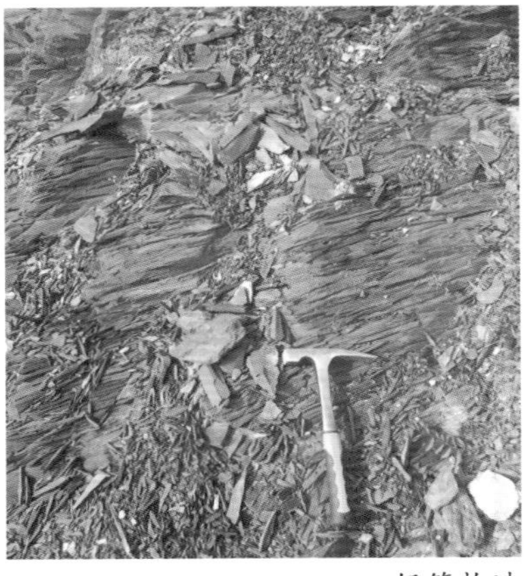
铅笔构造

石香肠

分类： 地质构造

英文名： Boudinage

形态特征： 地层被拉成不连续的线段，线段两端较窄而中间宽度较大。

实用观察信息： 石香肠常见于沉积岩地层以及变质岩中，有时候岩石中的岩脉也可以出现类似的结构。

石香肠，可以看到每段连接处有一个纺锤形空间，其中填满了方解石晶体

石灰岩岩层中的石香肠

石香肠是一种外形非常有趣的构造，就像一根根香肠出现在岩石中。这种现象在国外常被称作“boudinage”，因此也常被翻译成“布丁构造”。岩石中的某一层被“切”成一段段不连续的条带，这就是石香肠，它的外形与真的香肠非常像。不仅如此，石香肠的形成过程也与真的香肠有几分接近。当岩石受到巨大的压力时，软弱地层会缓慢流动，被压向两侧。而夹在其中的坚硬地层由于不易变形而被拉断，形成平面上呈平行排列的长条块体，即石香肠。除了挤压作用之外，沿着地层方向的拉力也能形成石香肠，只不过这时的地层就不是被压断，而是被拉扯成一段一段的。

石香肠不只存在于地层中，只要条状岩石受到垂直方向的压力或延伸方向的拉力，就可以形成各种各样的“香肠”。

缝合线

分类： 地质构造

英文名： Stylolite

形态特征： 非常狭窄的线状。由于不溶物的存在颜色通常较深，呈尖锐的锯齿状或波状。

实用观察信息： 缝合线常出现在容易发生溶解的岩石中，比如碳酸盐岩。石英岩中也可能存在，但非常罕见。

在巨大的压力下，有些矿物会发生溶解，这种现象叫作压溶作用。缝合线的形成就与压溶作用有关。当岩石遭遇压力时，容易溶解的矿物就会溶解在水中，然后被带走，而不易溶解的矿物或物质则会留在溶解产生的缝隙里，最后形成缝合线。组成岩石的这十几种主要矿物中，最容易溶解的矿物是两种碳酸盐矿物——方解石和白云石，所以在碳酸盐岩中最容易见到缝合线。不过，在某些条件下石英也会发生溶解，因此含有石英的岩石中也有可能出现缝合线。岩石中不溶的物质往往是泥质或有机质等颜色较深的物质，因此缝合线常由这些物质组成，颜色明显比周围的易溶岩石深。缝合线虽然看上去像是裂缝，但它并不是一种破裂，在缝合线形成的过程中也不需要发生剧烈的构造运动。

缝合线

缝合线

方形缝合线

分类：地质构造

英文名：Rectangular stylolite

形态特征：非常狭窄的线状，颜色通常较深，整体上呈方形，在方形的“台”上有许多更小的锯齿。

实用观察信息：方形缝合线是缝合线中的一类，常出现在碳酸盐岩中。

方形缝合线，可以看到明显的平台

方形缝合线，如同纪念碑谷的天际线

缝合线根据形态可以分成许多种，其中有一类叫作方形缝合线。这种缝合线的形状大体上是方形，如同长城的女墙，又有点像美国西部纪念碑谷中的石柱。在缝合线的方形“台”上，还有许多小的锯齿向上凸起。方形缝合线的规模有时非常大，其“山峰”与“山谷”之间的高度差可以达几十厘米。方形缝合线的形成与岩石中存在相对难溶的颗粒或团块有关，由于岩石的成分并不均匀，其中存在溶解速度相对较慢的颗粒或团块，因此它们在压溶作用中就更容易“保护”下方的岩石，从而形成了像“平顶山”一样的形状。

压力影

分类：地质构造

英文名：Pressure shadow

形态特征：呈近似三角形，出现在矿物颗粒周围。

实用观察信息：压力影常出现在泥质变质岩中的矿物颗粒附近。

俗话说“天塌了有高个子顶着”。如果地层受到挤压，会不会有什么东西顶着呢？地层中有一些比周围更坚硬的物体，比如泥质岩石中偶然出现的砾石、坚硬的化石、新形成的矿物（比如黄铁矿）。它们不太容易被压缩，所以就会撑起一小片区域。在这个区域中，地层的压力相对更小，相比周围被进一步压实的岩石来说，这里岩石空隙更多，于是就会有矿物在这个低压区域结晶，从而使得这片区域显现出来，这就是压力影构造。

压力影（粒状矿物两侧白色的“小翅膀”）

压力影并不是一种常见的地质构造。首先，它基本只存在于少数沉积岩和变质岩中；其次，它需要岩石本身强度不能太大，但又得有一些坚硬的颗粒。因此，压力影常见于较为松软的泥质岩石中。

岩墙

分类：侵入岩产状

英文名：Dike

主要矿物：依据具体种类而定

形态特征：整体呈板状，厚度稳定，横向上延伸较长距离。

实用观察信息：岩墙非常常见，可以出现在任何岩层中。北京居庸关一带有非常壮观的正长斑岩岩墙群，非常典型。在很多大的花岗岩岩体周围，也会有各式各样形状特别的侵入体，当然也包括岩墙。

岩墙是侵入岩产状的几种常见类型之一。岩墙就像一堵墙一样，只不过这堵“墙”的规模远超目前人类所能建造的程度。岩墙通常厚几十厘米到几米，同一个岩墙的厚度比较稳定，一般不会有较大变化。岩墙的长度可以达几千米甚至几十千米。岩墙的下方往往与其他侵入体相连，因此深度可能有几百米甚至几千米。

居庸关西侧的岩墙群

黑色砂岩中的白色石英矿脉

非常喜欢在石英矿脉附近仔细搜寻，因为这里有可能会找到没有被完全填满的岩脉，其中就会有结晶状态较好的水晶。不过，这些水晶的品相往往不太好，表面经常被各种杂质覆盖，呈现特别的颜色或者形态。

方解石矿脉

分类：侵入岩产状

英文名：Calcite vein

主要矿物：方解石

形态特征：以不规则的脉状为主。

实用观察信息：方解石矿脉经常出现在碳酸盐岩地层中。

富含方解石的热液会在岩石的各种裂隙中沉淀，从而形成了方解石矿脉。方解石矿脉一般出现在以灰岩为主的地层中。与石英矿脉一样，方解石矿脉中的方解石结晶程度也非常好，常常形成厘米级甚至更大的晶体。由于晶体与晶体互相镶嵌，因此大部分方解石矿脉中很难找到单个晶体。不过也有例外，有些方解石矿脉没有被完全填充，因此可以看到单个晶体的形态。与石英的柱状晶体不同，岩脉中的方解石晶体常呈比较厚的片状。敲击方解石矿脉，很容易在断面上看到方解石标志性的三组解理。

灰岩中的方解石矿脉

灰岩中的方解石矿脉

鉴别方解石矿脉与石英矿脉最简单的方法就是看硬度。由于方解石硬度小于铁，所以铁器很容易划破方解石矿脉；而用小刀或钥匙很难在石英矿脉上造成划痕。此外，在方解石矿脉中可以看到块状的方解石晶体，石英矿脉中则常常有垂直于两侧岩壁的柱状晶体。

气孔

分类：岩浆岩构造

英文名：Vesicular texture

形态特征：呈圆形或长条形，孔洞与孔洞相连可能形成更复杂的孔洞。

实用观察信息：气孔主要出现在富含气体的喷出岩中，如酸性岩、中性岩和基性岩中，不过最常见于玄武岩中。

岩浆并不只是熔化的岩石，其中还含有许多气体，包括水蒸气、二氧化碳、硫化氢等。这些气体在地下高压的环境中溶解于岩浆，一旦来到了地表附近，随着压力的下降，这些气体就会从岩石中逸出，如同打开摇晃过的碳酸饮料一样，岩浆在短时间内就会形成大量的泡沫，气孔就是气体从岩浆中逸出时留下的。气孔有大有小，有的不到 1 毫米，有的可达几厘米。岩浆冷却得越快，其中的气孔越小。

玄武岩中的气孔

玄武岩中的气孔，孔壁上已经开始沉淀方解石

玄武岩是最常见的喷出岩，所以常见的有气孔的岩石大部分是玄武岩。玄武岩火山渣会形成大量细密的气孔，而熔岩流顶部的玄武岩，往往有着较大的气孔。

尽管大部分玄武岩中气孔非常丰富，但并非所有玄武岩都是如此。有些玄武岩石块上的气孔数量屈指可数，甚至完全没有气孔。此外，侵入岩（特别是深成侵入岩）会在高压下缓慢凝固，因此不会出现气孔构造。

杏仁

分类：岩浆岩构造

英文名：Amygdule

形态特征：白色块状，填充于喷出岩的气孔中，如同杏仁一样。

实用观察信息：杏仁常出现在气孔比较丰富的玄武岩中。

大自然有个“爱好”，总喜欢把空间填满。只要岩石中存在孔洞或裂隙，就很可能会被其他各种矿物质填充，张节理、剪节理如此，喷出岩中的气孔也是如此。地层中带有气孔的玄武岩经常被一些矿物质完全填充，形成白色的颗粒。由于这些白色颗粒的形状非常像杏仁，因此被称作杏仁构造。填充在气孔中的矿物主要是方解石或石英，经常呈白色。有时候填充的过程不会一次完成，而是分成许多次，矿物也会一层一层地生长，最后形成类似玛瑙那样的层状结构。不过，由于气孔的规模一般不大，由此形成的层状结构也比较小。

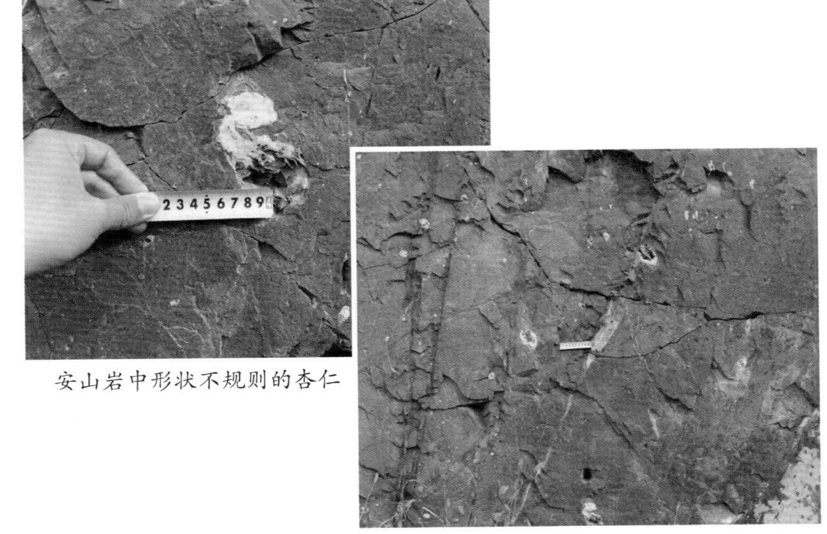

安山岩中形状不规则的杏仁

安山岩中的杏仁

烘烤边

分类：岩浆岩构造

英文名：Optalic border

形态特征：呈层状，出现在与岩浆接触的另一种岩石中，紧紧贴住接触面。

实用观察信息：烘烤边可以出现在任何与岩浆接触的岩石上。

安山岩中的烘烤边

白云岩烘烤边，热量来自上方侵入到白云岩中的辉绿岩岩席

当高温的岩浆遇到温度比较低的其他岩石时，受到高温烘烤的岩石就会变质，其结构、成分、颜色都会发生改变。这种变质作用可能会延伸到很远，形成大范围的变质岩；也可能延伸得非常近，仅仅影响几毫米到几厘米的范围。这时候，我们就能看到岩石成分在很近范围内发生明显的变化，像是出现了一个花边，这就是烘烤边。烘烤边出现在受高温烘烤的岩石中，贴近岩石与岩浆的接触面。

与烘烤边对应，有时候岩浆那一侧还会出现一种类似的结构，叫作冷凝边。它是岩浆接触到低温的岩石后，有一小部分快速冷却形成的结构，冷凝边常常出现在岩浆一侧。

层理

分类：沉积构造

英文名：Bedding

形态特征：呈层状，层与层之间在颜色、粒度或成分上有明显的差别，但层间结合紧密，仍然是一整块岩石。

实用观察信息：大部分沉积岩和一些火山碎屑岩都有层理构造。

简单地说，层理就是岩石中常见的水平方向的花纹。这些花纹仔细看，实际上是岩石中成分发生变化的位置。有的层理是矿物的颗粒成分发生变化，有的层理是矿物的颗粒大小发生变化，有时候颗粒之间的缝隙中填充着不同物质，这些岩石中的变化都会形成层理。层理并不总是平行的，有的层理会与水平面成一定角度，甚至是弯曲的。它主要出现在沉积岩中，也有可能出现在火山碎屑岩中。

层理与地层似乎很容易混淆。实际上，层理是岩石内部小规模的变化，而地层则涉及岩石类型的变化。并非所有沉积岩中都有层理，有些沉积岩本身由于沉积过程激烈（泥石流）或者沉积物遭到扰动（被大量生物钻孔），会呈现没有层理、比较均匀的块状构造。

砂岩中的平行层理

砂岩中的斜层理

粒序层理

分类： 沉积构造

英文名： Graded bedding

形态特征： 呈层状，层与层之间互相平行，其中的颗粒大小明显不同。

实用观察信息： 粒序层理一般出现在碎屑岩或碎屑沉积物中。

河流沉积物中的粒序层理

粒序层理中不同的层颗粒大小不同

沉积岩中颗粒大小的变化也可以形成层理，这就是粒序层理。作为一种与沉积岩中的颗粒有关的构造，粒序层理主要出现在碎屑岩或碎屑沉积物中。不过，它有时候也会出现在碳酸盐岩中，比如当鲕粒大小发生变化、竹叶状灰岩中灰质砾石的大小发生变化等，都会形成粒序层理。

岩石中的颗粒物大小一般与水的流速有关，水流越快，就越能带起大颗粒的碎屑，同时可能会把更小的颗粒冲走。因此，粒序层理反映的是水流强度的变化，而这可能代表着沉积环境的改变。明显的粒序层理出现在砾岩中，砾石的直径随着水流的大小而改变。此外，在野外有时候可以见到粗砂岩和砾岩岩层交替出现，这也可以看作一种粒序层理。

水平层理

分类： 沉积构造

英文名： Horizontal bedding

形态特征： 呈层状，层与层之间互相平行，且层理与地层也基本平行。

实用观察信息： 水平层理一般出现在细颗粒沉积物中，如泥岩或页岩中，碳酸盐岩中也有出现。

通过观察水平层理可以非常直观地看到沉积岩是如何形成的：不同成分的沉积物一层一层地摞在一起，然后被压实，最后变成坚硬的岩石，具有水平层理的岩石就是这样形成的。它们形成于水流非常平缓甚至完全静止的环境中，在这种环境下，水中携带的颗粒物会均匀地落在水底，如果沉积物的种类完全没有变化，那么就会形成比较厚的单层，如果沉积物的种类发生一些变化，那么层理就形成了。常见的水平层理中每个单层都非常薄，这是因为它们形成于距离陆地比较远的地方，这里水深，水体平静，而且来自陆地的沉积物也很少，所以沉积物的沉积速度很慢，也很难形成厚的地层。

水平层理容易和平行层理混淆。平行层理形成于水流比较急的环境中，这种环境下形成的岩石一般是砂岩而非泥岩。此外，平行层理的单层厚度比较大。通过这两点可以将二者区分。

泥质白云岩中的水平层理

泥质条带灰岩中的水平层理，与地层一起倾斜

交错层理

分类： 沉积构造

英文名： Cross bedding

形态特征： 呈层状，层理弯曲或与地层成一定角度。

实用观察信息： 交错层理常出现在砂岩中，部分碳酸盐岩中也有出现。

砂岩中的交错层理

砂岩中的交错层理

交错层理是一类特别的层理，它与地层并不平行，有时甚至本身就是弯曲的。交错层理常常成组出现，每一组由许多细细的纹层组成，这样的一组称作单层。每个单层可以单独出现，也可以与其他单层一起出现。交错层理的形成与水的流动状态有关，有些交错层理的形成还涉及另一种沉积构造——波痕。根据外形可将交错层理分为很多种，最常见的有层与层互相平行的板状交错层理、单层与单层互相切割的楔状交错层理，以及纹层向下凹陷的槽状交错层理。

交错层理最重要的作用是可以判断地质历史上的水流动方向。当一片区域内同一个地层出现许多交错层理，就可以推断此处曾经的地势了。尽管数亿年前的河流我们无法亲眼见到，但是通过这些地质构造的细节还是能够一窥当时的风景，这也是地质学的魅力所在。

板状交错层理

分类： 沉积构造

英文名： Planar cross bedding

形态特征： 呈层状，纹层互相平行且与地层的水平方向成一定角度。

实用观察信息： 板状交错层理可以出现在砂岩和碳酸盐岩中，但是在砂岩中最为常见。

板状交错层理的特点是纹层与纹层基本平行，且都与地层的水平面成一定夹角。板状交错层理的纹层与它所在单层的上边界成固定夹角，同一个单层内所有纹层基本都呈这个夹角。这些纹层向下延伸，逐渐弯曲并以一个很小的角度与下层面相交。板状交错层理这种上下层面不同的特征，就成了一种判断地层底面和顶面的标志。

板状交错层理形成于水流沿着一个方向平稳流动的环境中，而且每个纹层都是一块厚度均匀的板，板状交错层理也因此得名。如果沿着水流的方向观察（即观察垂直于水流的剖面），由于视角的原因，板状交错层理就变成了水平层理。不过，这种情况一般非常少见，而且根据岩石类型也能比较容易地将两者区分。

砂岩中的板状交错层理，每条纹层都向同一方向倾斜

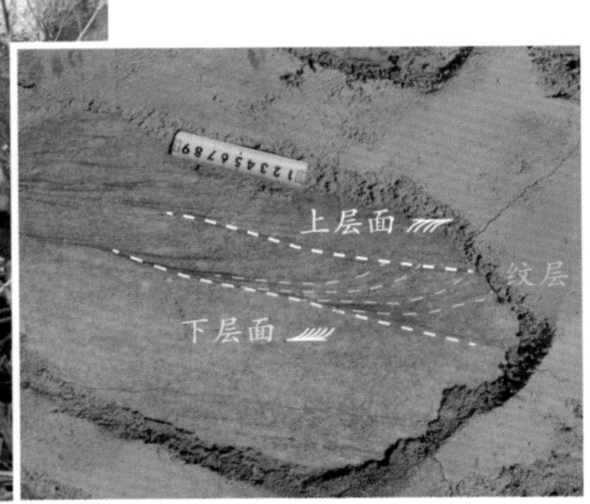

板状交错层理以及上下两端特征

羽状交错层理

分类： 沉积构造

英文名： Herringbone bedding

形态特征： 两组方向相反的交错层理汇集到同一层，看上去像羽毛。

实用观察信息： 羽状交错层理可以出现在砂岩和碳酸盐岩中。

羽状交错层理

磁铁石英岩中的羽状交错层理

假如一片海滩在一段时间内的水流方向稳定，当水流完全转向时，那么在原先已经形成的交错层理之上就会形成方向相反的另一组交错层理。两组交错层理基本对称分布，远远看去就好像一片羽毛，同理，“羽状交错层理”一名也来源于岩石上出现的“羽状”。有时候，两组交错层理相接的地方还会出现一个薄薄的泥层。羽状交错层理的形成需要完全相反的水流，一般来说能形成这样反复的水流环境的就是浅海。在浅海环境中，每天两次的涨潮和落潮，就会形成两股持续流动一段时间然后流向完全相反的水流。

羽状交错层理的规模常常不大，单层厚度大概为几厘米，水平方向上能延伸几十厘米甚至几米。羽状交错层理可以出现在砂岩中，也经常出现在碳酸盐岩中。

滑塌构造

分类：沉积构造

英文名：Slump structures

形态特征：地层中局部出现的简单或复杂的褶皱、断层，变形剧烈，但上下地层基本维持水平。

实用观察信息：滑塌构造可以出现在各种沉积岩中。

在沉积岩被压实成岩之前，它们有一个阶段是以松软沉积物的形式躺在水底的。这时如果突然发生剧烈的事件，比如遭遇极其强大的风暴、地震或海啸，躺在斜坡上的沉积物就有可能被“惊动”，向下滑动。如此一来，沉积物就会产生变形，形成剧烈的褶皱或直接形成断层，这就是滑塌构造。

灰岩中的滑塌构造

泥岩中的滑塌构造

滑塌构造上下的地层一般是正常的、没有什么剧烈变化的地层，由此可以和构造作用形成的褶皱区分开来。这是因为滑塌发生时，下方较为稳定的沉积物不会发生变化，而上方的沉积物还未形成，只有中间这一层比较松软的沉积物才会变形。

这种形成于松软沉积物时期的构造，叫作软沉积变形构造，是一大类构造的统称，其中除了滑塌构造之外还有许多不同的种类。要想判断一个构造是不是软沉积变形构造，可以看它上下的岩石是否发生变形。如果岩石形成之后才受到力的作用变成其他形态，那么附近所有的地层都会统一变形，这就是外力造成的地质构造。如果变形的规模很小，也不影响上下面的地层，那就说明这很可能是沉积物固结之前就发生的变化，这才是软沉积构造。

波痕

分类： 沉积构造

英文名： Ripple marks

形态特征： 形状如同水面的波浪，具有波峰和波谷，常大面积出现。

实用观察信息： 波痕出现于沉积岩中，在碳酸盐岩或砂岩中最常见。

当有水流流过沙滩时，沙滩表面的颗粒就会被冲走。当携带这些颗粒的水流遇到凸起时会减速，其中的颗粒就会沉下来，堆积在障碍物旁边。当这样的过程持续进行时，障碍物就会成为颗粒堆积的位置，并很快扩展成一道狭长的沙脊。但是这些沙脊不会无限长高，因为其顶部的颗粒很容易被水冲走。有时候这些颗粒堆的形成连障碍物也不需要，轻微的水流波动就会在沙滩表面形成凹坑或凸起，以此形成一道道狭长的沙脊。这些沙脊远看上去好像水面的波浪，这就是波痕。水的流速和流向不同，波痕可以呈现出不同的样子。

砂岩中的波痕

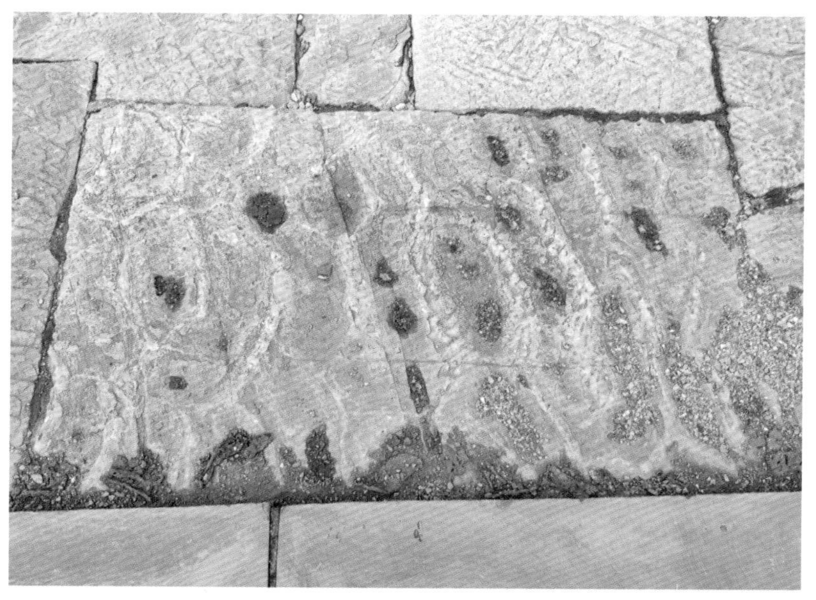

白云岩中的波痕

随着沉积物不断覆盖，波痕就会以立体的状态保存在沉积物中，并最终出现在沉积岩中。

浪成波痕

分类： 沉积构造
英文名： Wave-formed ripple
形态特征： 波峰常常比较尖锐，而波谷则比较平缓圆滑。
实用观察信息： 浪成波痕出现在砂岩或碳酸盐岩中。

由水流形成的波痕，单个波峰通常是不对称的，其中波痕的缓坡朝向水流到来的方向。除了水流，浅水的波浪也能形成波痕。整体上看，涌动的海浪推动海水向前波动时，并没有发生明显的移动，

灰岩中的浪成波痕

白云岩中的浪成波痕

但仔细观察就会发现，海浪本身实际上就是海水在小范围内的往复运动。这种运动传递到海底，就会带着沉积物一起产生周期性的运动。在这个过程中，海底的颗粒也会来回摆动，并形成波痕。这种形成过程与海浪有关的波痕就叫作浪成波痕。

浪成波痕有对称型和不对称型两类。对称型浪成波痕的两侧基本对称，而且有一个比较尖锐的波峰和相对宽缓的波谷，与水流形成的一面缓、一面陡的波痕明显不同。不对称型浪成波痕的两侧坡度不一致，但依然以尖锐的波峰和宽缓的波谷为主要特征。此外，由于海浪方向比较稳定，所以从上方观察浪成波痕会发现它们往往平行排列，呈直线状。

岩石上的浪成波痕与沉积物上的特征一致。如果在地层的横截面上看到符合“尖峰圆谷”特征的纹路，那么它很可能就是浪成波痕。

泥裂

分类：沉积构造

英文名：Mudcrack

形态特征：从上方看，呈不规则多边形，每条边的宽度较窄，其中填充的物质与周围岩石不同；从侧面看，呈楔形，垂直于层面。

实用观察信息：泥裂常出现在泥岩、粉砂岩或碳酸盐岩中。

当细颗粒的沉积物暴露在空气中时，表面的水分会很快蒸发，在这个过程中，沉积物的体积往往会收缩。体积收缩会造成沉积物表面积缩小，但沉积物本身不可能大范围移动，所以这种收缩会在小范围内进行。在远离收缩中心的位置就会形成裂缝，这就是泥裂。理论上，这样的收缩作用会形成一块块大小相同的六边形，但由于沉积物并不均匀，所以泥裂大多以多边形为主。

泥坑表面的泥裂，由于表面微生物层的收缩，边缘卷起

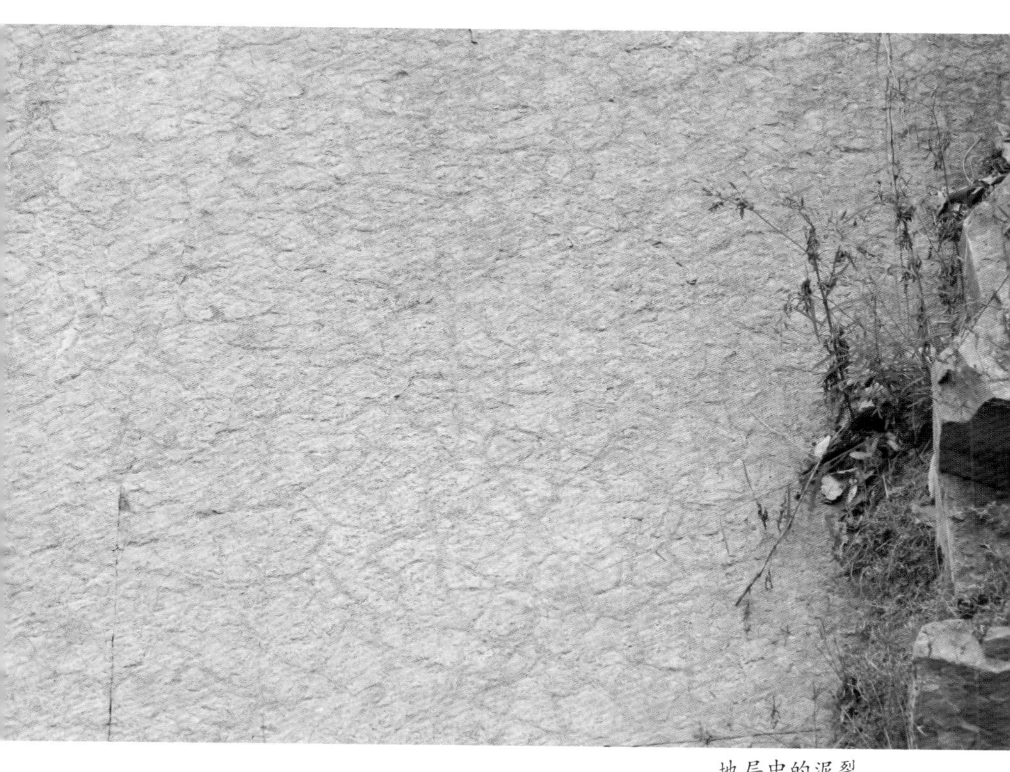

地层中的泥裂

如果观察一块正在变干的泥土，就会发现有些泥土表面会有一个个薄层翘起来，这实际上也是一种泥裂。这是由于泥土表面发生了非常剧烈的收缩而形成的，就像烧烤时卷起来的鱿鱼。引起这种强烈收缩的并不是泥土本身，而是泥土表层的微生物薄层。地层中的泥裂基本看不到这种结构，因为它太过脆弱，很容易就被水流冲走了。

假晶

分类： 沉积构造

英文名： Pseudomorph

形态特征： 与原先矿物的形态有关，常见的假晶以立方体为主。

实用观察信息： 假晶在沉积岩中比较常见，以黄铁矿的立方体假晶为主，常出现在泥质岩或粉砂岩中。

岩石中的矿物在形成后，不会一直维持不变，随着所处环境的不同，有些矿物也会发生相应的变化。比较简单的变化是矿物内部晶体结构的改变，比如喷出岩中高温下结晶的 β 石英，在岩浆冷却后变成了低温下的 α 石英。有些形成于无氧环境的矿物来到地面附近会被空气氧化。有些易溶矿物很容易溶解，然后形成空洞，这时其他矿物会填充这个空间。这几种过程都会造成新的矿物形成，但新矿物还维持原先矿物的形态，这就是假晶。

砂岩中的黄铁矿假晶，现在已经变成赤铁矿

砂岩中的黄铁矿假晶

沉积岩中比较常见的自生矿物是黄铁矿，而黄铁矿在地表环境中并不是一种稳定矿物，所以黄铁矿假晶是一种常见的沉积构造。黄铁矿拥有非常有特点的立方体晶型，当岩石来到地面附近后，它很容易被氧化，从而形成赤铁矿或针铁矿，甚至完全流失。

结核

分类： 沉积构造

英文名： Concretion

形态特征： 呈球状或椭球状，一般直径几厘米到十几厘米，个别结核直径可达 1 米。

实用观察信息： 结核最常见于碳酸盐岩中，有一类灰岩几乎全部由结核构成。

结核是指岩石中一些特别的团块，呈球状或椭球状；有些结核会粘连周围的结核和岩石中的物质，呈现出不规则的形状。结核可大可小，一般直径在几厘米到十几厘米之间，不过有些地层中也会形成直径超过 1 米的大石球。如果切开结核，会发现它们一般呈层状或放射状，不过也有结核看不出明显的内部构造。结核的成分一

灰岩中的燧石结核

白云岩中的燧石结核

般与周围的岩石不同，这种不同并不是指组成结核的物质完全不同于周围岩石，而是指结核其实是岩石中某些成分围绕一个核心不断生长形成的。

结核一般出现在碳酸盐岩（灰岩、白云岩）或者泥页岩中。有时，黄土中也会出现一些不规则的结核，它们的主要成分是碳酸钙，由于形状像姜，又被称作“姜形石”。这些石头做的“姜”是由雨水溶解黄土中的方解石，然后在一定深度重新结晶而形成。

石芽

分类： 岩溶地貌 溶蚀地貌

英文名： Clints

形态特征： 出现在灰岩或白云岩表面，呈现形状不规则的微小凸起。

实用观察信息： 石芽有可能出现在暴露于空气中的碳酸盐岩表面。

石芽是碳酸盐岩被雨水溶蚀的最初阶段。岩石表面的裂缝等薄弱部位最容易被雨水溶蚀，由于岩石中经常遍布各种裂缝，当这些位置被溶蚀以后，残余的岩石就相对突出，这些突出的部分就是石芽。因为溶蚀程度不强，所以石芽一般都很小，只高出周围几厘米到十几厘米。在气候相对炎热的地区，溶蚀作用比较强烈，这些地方的

灰岩表面的石芽，原先是剪节理

长条状石芽，原先是剪节理

石芽往往会长得更高，可高达几米。石芽是岩溶地貌最初的形态，随着溶蚀过程的发展，石芽会进一步长高，形成石林。有时石芽也会出现在其他岩溶地貌表面。

北京地区气候干冷，溶蚀作用比较弱，所以石芽常常只有一两厘米高，而且只有在长期暴露于地面的灰岩或白云岩上才能发现。

落水洞

分类： 岩溶地貌 溶蚀地貌

英文名： Sinkhole

形态特征： 表面圆润，一般与水平方向垂直或成较大角度的夹角。

实用观察信息： 落水洞出现在灰岩地层中，可以在灰岩地区路边人工开凿的断面上寻找。

溶洞是基本封闭的空间，雨水如何进入溶洞中呢？除了通过岩石中本身存在的各种裂缝之外，落水洞也是沟通溶洞内外的通道。落水洞是出现在岩溶地区的一种垂直或基本垂直于水平方向的通道。它的形成与岩石中的节理有关。在岩石中，两个不同方向的节理互相交叉，形成一条线。这条线附近的岩石往往更加脆弱，更容易受到雨水溶蚀，于是逐渐扩大为洞穴。由于地层中的节理常常垂直于水平面，因此节理的交线也基本与地面垂直，由此形成的洞穴也是垂直的，它们往往与地下的溶洞或暗河相连通，这就是落水洞。

落水洞的规模可大可小，小的落水洞直径只有几米，大的落水洞直径可达上百米，也就是我们经常听说的“天坑”。由于水流的冲刷和溶蚀，落水洞常有一个光滑的外形，并且它的顶部与地面连通，所以常常可以见到岩石碎块和砂砾等碎屑物将其填满。

一个被泥土和碎石填满的落水洞，宽度超过 3 米

落水洞，原先是两条剪节理的交点

石笋

分类：岩溶地貌 洞内堆积地貌

英文名：Stalagmite

主要矿物：方解石、文石

形态特征：白色为主，呈锥状或柱状，立在溶洞内部的地面上。

实用观察信息：石笋出现在溶洞内部，北京著名的溶洞有房山区石花洞、银狐洞以及平谷区的京东大溶洞等景区。

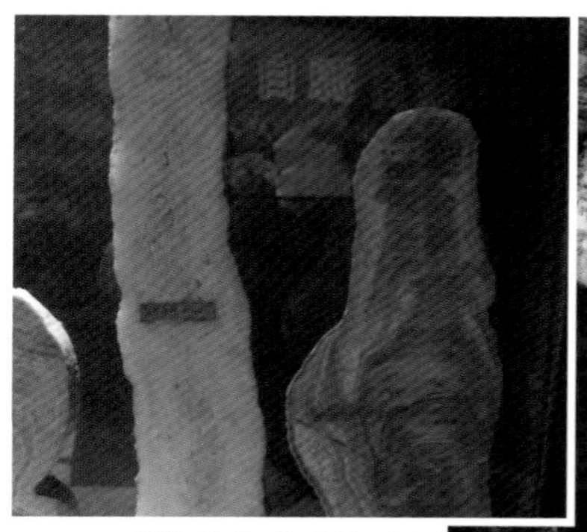

石笋剖面（石花洞）

石笋（石花洞）

石笋是溶洞中常见的化学沉积物，它们出现在溶洞的地面上。含有碳酸氢钙的水自洞穴顶部滴落，在落地的位置会有微量的矿物质沉淀下来，日积月累就形成了锥形的石笋。因为石笋由矿物质一层一层沉积而成，所以其内部是实心的。

石笋内部有一层一层的纹层，这些纹层在形成时不仅沉淀了碳酸钙，而且还保留了当时的二氧化碳。通过分析每一层石笋上二氧化碳中碳和氧同位素的微弱差别，就能推测当时的气候和大气成分。因此，石笋也成了一种记录气候变化的“石书”。在地层还来不及形成的几万年内，它与黄土、冰芯一起成了记录地球历史的重要载体。

钟乳石

分类： 岩溶地貌 洞内堆积地貌

英文名： Stalactite

主要矿物： 方解石、文石

形态特征： 白色为主，呈柱状出现在溶洞顶部。

实用观察信息： 钟乳石出现在溶洞内部，北京著名的溶洞有房山区石花洞、银狐洞以及平谷区的京东大溶洞等景区。

钟乳石也是一种化学沉积物，与石笋的不同之处主要在于它的形态与出现的位置，钟乳石一般出现在洞穴顶部。在含有矿物质的地下水从洞穴顶部滴落的过程中，也会有一部分矿物质在缝隙周围沉淀，这些沉积物慢慢变厚，向下延伸，最终就形成了钟乳石。与石笋不同，钟乳石并不是完全实心的，它的内部有一条狭窄的通道，这里是水的通道。钟乳石下方往往对应着一个石笋。

钟乳石可以单独出现，也可以成片地出现。在钟乳石形成早期，直径很小，又很细长，如同鹅颈一般，因此它们有一个特别的名字，叫作鹅管石。位于北京房山区的石花洞内就有大片的鹅管石出现在洞顶，非常壮观。

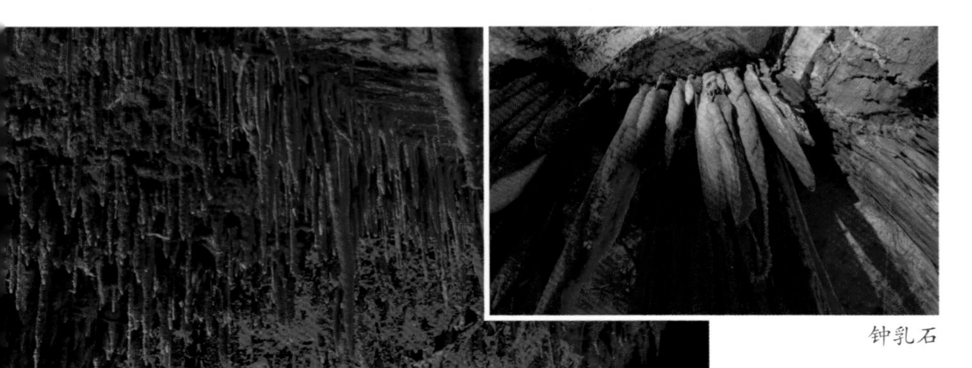

钟乳石

鹅管石

石柱

分类：岩溶地貌 洞内堆积地貌

英文名：Column/ Stalacto-stalagmite

主要矿物：方解石、文石

形态特征：白色为主，呈柱状出现在溶洞内部。

实用观察信息：石柱出现在溶洞内部，由石笋和钟乳石接触而产生。

刚刚连接上的石柱

石柱

只要有持续滴落的富含碳酸氢钙的水滴，钟乳石和石笋就会持续生长，最终两者相接触，此后连成一体，这时就会成为石柱。由于钟乳石形状细长，而石笋形状比较粗短，所以刚刚形成的石柱还可以明显看出原先的钟乳石和石笋部分。它们连接的部分是石柱最细的位置，上方光滑细长的是原先的钟乳石，下方遍布疙瘩的是原先的石笋。不过，随着石柱的继续生长，它们会变得更粗，表面的凸起也会越来越多，最终变成一根上下粗细、形态都基本一致的柱子。

石幔

分类： 岩溶地貌 洞内堆积地貌

英文名： Curtain

主要矿物： 以方解石为主

形态特征： 白色为主，呈带状，常出现在溶洞顶部。

实用观察信息： 石幔出现在溶洞内部。

溶洞顶部如果存在与外界连通的裂缝，雨水就会顺着裂缝流下来，这时出现的岩溶沉积物就不是柱状的钟乳石，而是片状的石幔。石幔也被称作“石帘”或“石帷幕”，它是由洞穴内的流水形成的。石幔的形状常常像窗帘一样来回扭曲，看起来如同帷幔。石幔在溶洞中非常常见，可以说只要有钙质沉积物出现的地方就有可能出现石幔。除了可以单独出现以外，石幔还可以出现在其他溶洞沉积物上。比如，石柱上经常会出现凸起，在凸起下方往往就有小的石幔生长，看上去如同蘑菇的菌褶。在一种叫作石盾的溶洞沉积物下方，也经常可以看到许多带状结构，这些也是石幔。北京的溶洞中有许多石幔，石花洞中的“龙宫帷幕”就是一片规模巨大的石幔群。

石幔

石幔

石幔甚至可以在开放式的溶洞中形成，不过规模一般比较小。在北京周口店的“第四地点”，也就是新洞的洞顶，就能看到一些小规模的石幔。

石花

分类： 岩溶地貌 洞内堆积地貌

英文名： Stone flower

主要矿物： 方解石、文石

形态特征： 白色为主，呈花朵状。

实用观察信息： 石花出现在溶洞内部。

石花是溶洞中像花朵一样的化学沉积物的统称。实际上，石花有许多不同的形态，每种形态都有其独特的形成原因，例如，有一种石花与溶洞中飞溅的流水有关。

溶洞内部充满着溶解了碳酸氢钙的水，当水从高处落下碰撞到岩石或者水面时，水滴会四处飞溅到周围的岩石上。由于这样

石花

的水滴中也溶解有碳酸氢钙，所以当它们滴落到岩石上时，其中的碳酸氢钙会重新分解成碳酸钙和二氧化碳，碳酸钙则会沉淀下来。尽管每次只有极其微量的碳酸钙沉淀下来，但由于水滴滴落的位置基本固定，日积月累就会长成像花一样的沉积物。

此外，还有一些石花与毛细渗透水有关。富含碳酸氢钙的水从岩石中渗出后就会沉淀出碳酸钙，形成不断生长的枝条。这些枝条不断吸收空气中细小的雾滴，则会形成一束束针状的方解石。

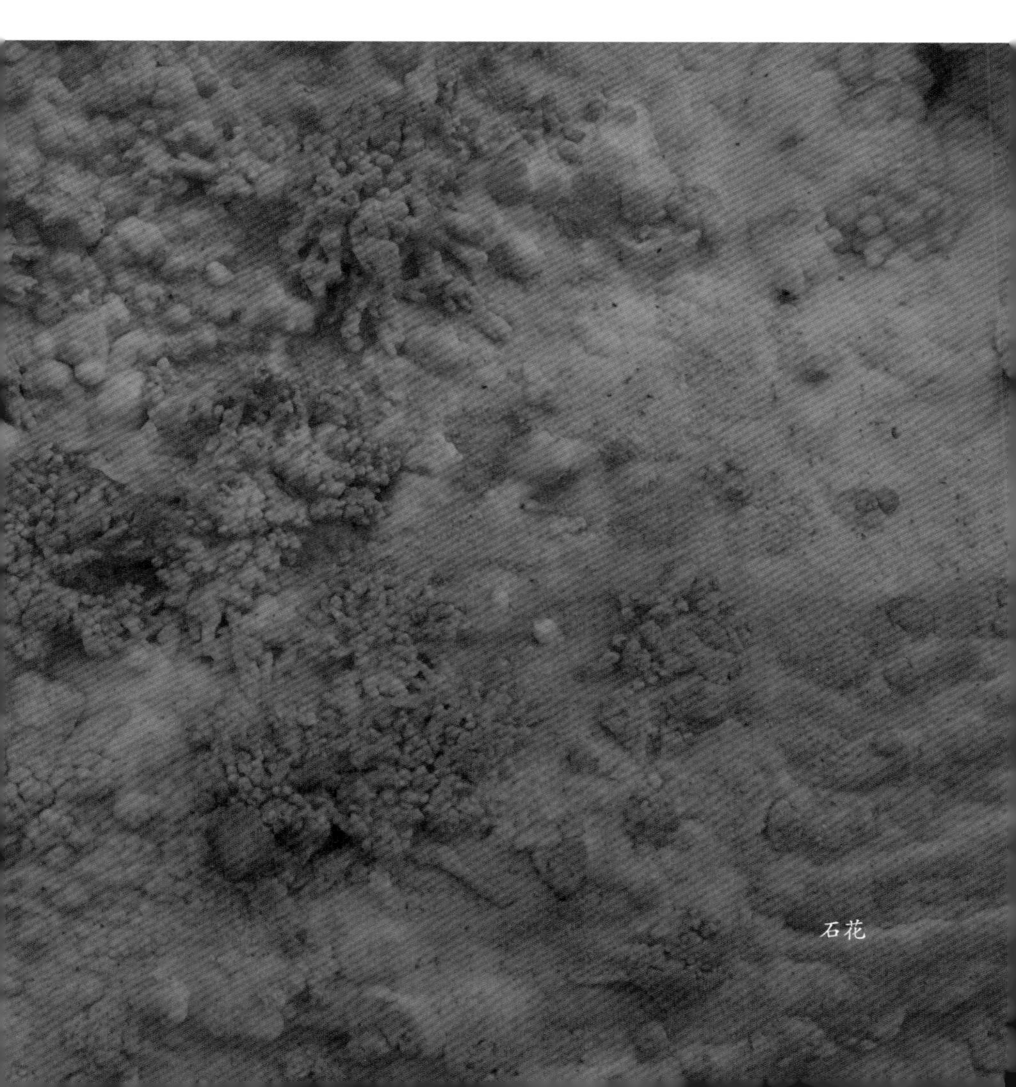

石花

差异风化

分类：风化地貌

英文名：Differential weathering

形态特征：抗风化能力较强的岩石 / 矿物经过风化形成凸起，抗风化能力较弱的岩石 / 矿物经过风化形成凹坑或低地。

实用观察信息：差异风化现象出现在两种不同岩石 / 矿物同时出现时，而且这两种岩石 / 矿物抗风化能力有一定的差别。

所有岩石裸露在地表都会逐渐风化，变成碎屑物或完全溶解，但这个过程是有差别的，不同的岩石有不同的抵抗风化作用的能力。比如，坚硬的岩石 / 矿物比软弱的岩石 / 矿物更能抵抗物理风化，孔隙较多的岩石相较于致密的岩石更容易受到物理风化和化学风化的影响。风化作用种类众多，基本上没有哪种岩石能抵抗所有类型的风化，不同环境中主要的风化类型也不一样，所以哪种岩石会更抗风化要视情况而定。

一般来说，碳酸盐岩容易被略呈酸性的雨水溶蚀，而其中的燧石以及黏土矿物则不会，所以风化后会相对凸起；花岗岩中的镁铁质微粒包体则比周围的花岗岩更容易受风化影响，常形成凹坑。

花岗闪长岩中的镁铁质微粒包体因抗风化能力弱而形成凹坑

泥质条带灰岩中的泥质条带抗风化能力更强而形成凸起

球状风化

分类：风化地貌

英文名：Spheroidal weathering

形态特征：岩石被一层一层地风化成近似球状或椭球状。

实用观察信息：球状风化一般出现在均匀的岩石中，比如厚层砂岩或深成侵入岩。

球状风化

球状风化

风化作用不仅会慢慢粉碎岩石，还可能在风化的过程中把岩石塑造成特别的形状，球状风化就是这样的。在均匀的岩石中常常存在各种各样的剪节理，它们经常会把岩石切割成一个个方块。随后雨水沿着方块缝隙深入岩石内部，因此风化作用在岩石露出地面前就开始了。两组节理交线处的风化强度往往比节理面更强，而三组节理交点处的风化作用最强。因此，岩石方块的棱角很快会被风化成碎石和黏土。慢慢地，随着棱角不断地磨平消失，一个石头球就形成了，这就是球状风化过程。

由于带有层理的岩石往往会从层理处破碎，而碳酸盐岩又有独特的溶蚀过程，所以球状风化多见于成分和结构均匀的、有一定抗化学风化能力的岩石，比如花岗岩或砂岩。

氧化圈

分类：地质现象

英文名：Oxidation rim

形态特征：呈层状，颜色多为红色或橘红色，出现在颗粒的表面，并向内部渗透一定距离。

实用观察信息：氧化圈可以出现于在地表暴露一段时间的石块上。有些竹叶状灰岩中的“竹叶”上也有一圈红色的氧化圈，这是灰岩质团块在没有固结之前形成的。

在岩石内部或沉积物内部，一般是中性环境或偏还原性的环境。在这种环境中，铁离子一般为正二价，岩石常呈现绿色或者灰黑色。但当这些岩石来到地面上时，空气中的氧气就会开始和其发生反应。这样的反应带来的结果就是，岩石中的铁元素或含铁矿物会被氧化成砖红色的赤铁矿或褐红色的针铁矿。这样的过程首先发生在岩石的表面，随后逐渐向岩石内部渗透。由于许多岩石缺少空隙，渗透过程进行得非常慢，以至于经过很长时间也只能形成几毫米的氧化层。如果将岩石从中间切开，这些氧化层就会变成一个圈，这就是氧化圈。一般越靠近外围氧化圈的颜色越深，向内颜色会很快变浅然后消失。

泥质条带灰岩的红色氧化圈

硬绿泥石角岩表面及浅层的氧化圈

李泽冈环

分类： 地质现象

英文名： Liesegang rings

形态特征： 近似同心圆或同心环状，环的颜色为红色、黄褐色或黑色。

实用观察信息： 李泽冈环一般出现在结构均匀的岩石中，如砂岩、片麻岩等。

李泽冈环

李泽冈环

有时候，岩石中会出现一种像树木年轮一样的现象，即由一圈圈的深褐色物质形成的近似同心圆或同心环的形状，这种现象就是李泽冈环。李泽冈环的形成与植物的年轮完全没有关系，而是与化学作用有关。岩石内部的化学环境与岩石外部可能完全不同，在地面或靠近地面的位置，氧气比较充足，而相对封闭的岩石内部则是没有氧气的还原环境。随着风化作用的进行，氧气会逐渐推进到岩石内部，这样就形成了一个面。在这个面附近，有些矿物会因为环境变化而沉淀下来，形成颜色明显不同的环带，这样的环带反复出现，就形成了李泽冈环。

树枝石

分类： 地质现象

英文名： Dendrite

形态特征： 黑色或深紫色，树枝状，如同植物的化石一样。

实用观察信息： 树枝石常出现在各种岩石的裂隙或表面。

树枝石也叫作模树石，是最为常见的假化石之一。有时候提起“假化石”，人们想起的就是树枝石。树枝石其实是一种化学沉积物，其最常见的成分是氧化锰。岩石中经常有很多含锰的矿物，这些矿物被风化后，锰元素形成氧化物，溶解在水中，在一定条件下也会转化为不溶于水的氧化锰，沉积在岩石的缝隙里。在结晶的过程中，由于矿物质浓度很低，所以沉积在岩石缝隙里的氧化锰只能形成树枝状的晶体，这就是树枝石。

树枝石

辨认树枝石和化石最常用的办法就是看它出现在哪个面：一般来说，树枝石可以出现在岩石中的任何一个面上，而化石只能出现在沉积岩的层面上。

中文名索引

英文名索引